FORSCHUNGSERGEBNISSE
DES VERKEHRSWISSENSCHAFTLICHEN INSTITUTS
AN DER TECHNISCHEN HOCHSCHULE STUTTGART
HERAUSGEGEBEN VON PROF. DR.-ING. WALTHER LAMBERT
HEFT 17

HUBSCHRAUBERVERKEHR

TECHNISCHE UND WIRTSCHAFTLICHE VORAUSSETZUNGEN

MIT 45 ABBILDUNGEN

Springer-Verlag Berlin Heidelberg GmbH
1956

ISBN 978-3-540-02012-7   ISBN 978-3-642-87021-7 (eBook)
DOI 10.1007/978-3-642-87021-7

Vorwort

Am 23. Januar 1955 schloß Professor Dr.-Ing., Dr. rer. pol. h. c., Dr.-Ing. E. h. Carl Pirath für immer die Augen. Durch einen tragischen Verkehrsunfall riß ihn der Tod mitten aus seinem reichen und vielfältigen Schaffen. Mit Pirath ist ein Mann aus dem Leben geschieden, der durch seine umfassenden Forschungsarbeiten eine neue Synthese zwischen Technik und Wirtschaft auf dem Gebiete des gesamten Verkehrswesens geschaffen hat.

Die Ergebnisse der grundlegenden Forschungen Piraths erschienen in zahlreichen Aufsätzen und Buchveröffentlichungen, von denen die Reihe der Forschungshefte des von ihm im Jahre 1929 gegründeten Verkehrswissenschaftlichen Institutes für Luftfahrt an der Technischen Hochschule Stuttgart einen bedeutenden Raum einnimmt. Die in der Zeit bis 1940 erschienenen Hefte 1 bis 14 brachten dem Institut im In- und Ausland den Ruf einer einzigartigen Forschungsstätte für die Entwicklung der Grundlagen des Luftverkehrs. Im Jahre 1952 wurde die Reihe durch das Heft 15 „Der europäische Luftverkehr in Planung und Gestaltung" fortgesetzt. Zwei Jahre später erschien als Heft 16 die Abhandlung „Die Verkehrsteilung Schiene — Straße in landwirtschaftlichen Gebieten und ihre volkswirtschaftliche Bedeutung". Pirath hatte hiermit begonnen, in die Veröffentlichungsreihe des Institutes neben dem Luftverkehr auch die übrigen Verkehrsmittel einzubeziehen, nachdem das anfänglich nur für verkehrswissenschaftliche Aufgaben der Luftfahrt eingerichtete Institut im Jahre 1950 in ein allgemeines „Verkehrswissenschaftliches Institut" umgewandelt worden war.

Bereits im Vorwort zum Forschungsheft 16 hat Pirath erwähnt, daß das nächste Heft dem Hubschrauberverkehr gewidmet sein werde, damit der Unterverteilung des Verkehrs zu Lande, welche den Inhalt von Heft 16 bildet, diejenige des Verkehrs in der Luft zur Seite gestellt sei. Es war ihm jedoch nicht mehr vergönnt, seine Untersuchungen über den Hubschrauberverkehr zu Ende zu führen.

In der Verpflichtung gegenüber dem Lebenswerke dieses Gelehrten soll die Reihe der Forschungshefte des Verkehrswissenschaftlichen Institutes fortgesetzt werden. Hiermit erscheint zunächst die von Pirath in seiner grundsätzlichen Konzeption geschaffene und in den Einzeluntersuchungen noch eingeleitete Arbeit über „Die Voraussetzungen und Möglichkeiten des Hubschrauberverkehrs". Wie noch zu Lebzeiten Piraths beabsichtigt, ist diese Forschungsarbeit über den Hubschrauberverkehr im zweiten Teil des vorliegenden Heftes durch einen Beitrag von Dozent Dr.-Ing. C. E. Gerlach über „Die Gestaltung und Raumlage der Hubschrauberflughäfen" ergänzt worden.

Die Untersuchungen waren seinerzeit von dem geschäftsführenden Institutsassistenten, Bundesbahnrat U. Fröchtling, begonnen worden. Nach dem Tode Piraths hat es U. Fröchtling in Zusammenarbeit mit dem gegenwärtigen geschäftsführenden Institutsassistenten, Bundesbahnbauassessor C. H. Boecker, in dankenswerter Weise übernommen, das vorhandene Material zu bearbeiten und zu ergänzen sowie die gesamte Arbeit durch die textliche Formulierung veröffentlichungsreif zu machen.

Für die wesentliche Mithilfe bei der Beschaffung des Materials gebührt der Arbeitsgemeinschaft Deutscher Verkehrsflughäfen, der Deutschen Studiengemeinschaft Hubschrauber sowie der Deutschen Bundesbahn besonderer Dank, nicht zuletzt aber auch dem Bundesministerium für Verkehr, der Deutschen Forschungsgemeinschaft sowie der Vereinigung der Freunde der Technischen Hochschule Stuttgart für die finanzielle Förderung der Forschungsarbeit.

Das nächste Forschungsheft wird Grundprobleme des öffentlichen Nahverkehrs in den Großstädten behandeln, vor allem die Möglichkeiten zur Neuordnung der Verkehrssysteme in den Stadtzentren nach technischen und wirtschaftlichen Gesichtspunkten.

Der Springer-Verlag, der bisher die Forschungshefte des Institutes verlegte, hat sich in entgegenkommender Weise bereit erklärt, den Druck und Verlag auch dieses Heftes zu übernehmen.

Stuttgart, im Juni 1956

Walther Lambert

Inhaltsverzeichnis

Voraussetzungen und Möglichkeiten des Hubschrauberverkehrs
Von Professor Dr.-Ing. C. Pirath †

Seite

   I. Sinn und Zweck der Untersuchung. 1

  II. Stufen und Stand der Entwicklung 3
     1. Stand der Entwicklung in technischer Hinsicht 3
        a) Die Tragfähigkeit 3
        b) Die Antriebsleistung 5
        c) Die Geschwindigkeit 5
        d) Der spezifische Treibstoffverbrauch 7
     2. Stand der Entwicklung in wirtschaftlicher Hinsicht 7
     3. Entwicklungstendenzen für die nächste Zukunft 8

 III. Die Elemente der Sicherheit. 9

 IV. Die Elemente der Leistungsfähigkeit 11
     1. Allgemeine Begriffsbestimmungen 11
     2. Analyse des Flugvorganges und der Flugzeit beim Hubschrauber 12
     3. Der Zeitfaktor des Hubschraubers im Vergleich mit anderen Verkehrsmitteln 13
        a) Einfluß der Linienführung 14
        b) Zeitaufwand für Zu- und Abgang nach Lage der Stationen 14
        c) Flugzeit des Hubschraubers ohne Zwischenhalt 15
        d) Die Reisegeschwindigkeit des Hubschraubers mit Zwischenhalten 17
        e) Reisezeitvergleich der Verkehrsmittel 20
        f) Der grundsätzliche Zeitvorteil von Individualverkehrsmitteln 22

  V. Die Elemente der Wirtschaftlichkeit 23

 VI. Der Verkehrswert und der voraussichtliche Umfang im Hubschrauberverkehr 27
     1. Der günstigste Entfernungsbereich des Hubschraubers 27
     2. Zusammensetzung des zu erwartenden Hubschrauberverkehrs 28
     3. Der voraussichtliche Umfang des Hubschrauberverkehrs 30

 VII. Hubschrauberflugplätze 32

VIII. Die öffentliche Hand und die Entwicklungsmöglichkeiten 33
     1. Art und Umfang der Subventionen im Weltluftverkehr 33
     2. Die Unterstützungsmöglichkeiten für die Hubschrauberentwicklung 35
     3. Art und Umfang der bisherigen Hubschrauber-Subventionen 36
     4. Gesichtspunkte für die weitere Subventionspolitik 37

 IX. Schlußfolgerungen 37

Raumlage und Gestaltung von Hubschrauberflughäfen
Von Dr.-Ing. Carl E. Gerlach

   I. Allgemeine betriebliche Gesichtspunkte. 39

  II. Die Möglichkeiten für eine zweckmäßige Raumlage. 40

 III. Hindernisfreiheit für den An- und Abflug 43

 IV. Abmessungen und Gruppierung der Betriebsflächen 47

  V. Fragen der Bewegungskontrolle und Trennung der Flugstraßen für Hubschrauber und
     Starrflügler. 49

 VI. Die Leistungsfähigkeit von Hubschrauberflughäfen 51

 VII. Tragfähigkeit und Konstruktion der Start- und Landeflächen 52
     1. Belastungsannahmen 52
     2. Konstruktion der Start- und Landeflächen 55
        a) Natürliche Befestigungen (Rasen) 55
        b) Künstliche Befestigungen 55
        c) Start- und Landeflächen auf Dächern und Plattformen 55
        d) Entwässerungsanlagen 57

VIII. Kostenfaktor bei der Anlage von Hubschrauberflughäfen 58
     1. Allgemeines 58
     2. Anlagekosten 58
        a) Ebenerdiger Hubschrauberflughafen mit Start- und Landefläche als Grasnarbe 58
        b) Ebenerdiger Hubschrauberflughafen mit künstlicher Befestigung der Start- und Landeflächen 59
        c) Freitragende Plattformen und Dachflughäfen 59

 IX. Zusammenfassung 59

Literaturverzeichnis für beide Abhandlungen 61

Voraussetzungen und Möglichkeiten des Hubschrauberverkehrs

Von Professor Dr.-Ing. C. Pirath †

Das letzte Werk von C. Pirath, welches selbst abzuschließen ihm nicht mehr vergönnt war, kann nunmehr der Öffentlichkeit übergeben werden: „Die Voraussetzungen und Möglichkeiten des Hubschrauberverkehrs". Wenn auch der Text nicht der Feder Piraths entstammt, kann doch der Leser darauf vertrauen, daß die Schrift seinen Namen zu Recht trägt.

Im März 1954 übergab Professor Pirath dem Unterzeichneten ein außergewöhnlich ausführliches Arbeitsprogramm für diese Forschungsaufgabe. Die Vorerhebungen, Berechnungen sowie die zeichnerischen und tabellarischen Darstellungen für die Kap. I bis V konnten noch unter Piraths Leitung im Institut vollzogen werden, so daß hierfür außer einigen Ergänzungen nur mehr der erläuternde Text zu fassen war. Da die Gestaltung von Kap. VI, „Der Verkehrswert und der voraussichtliche Umfang im Hubschrauberverkehr" wesentlich von den Ergebnissen des vorangehenden Teils abhängig ist, lagen für die Bearbeitung dieses Abschnittes nur einige Hinweise vor. Der Unterzeichnete hofft, daß das Bemühen um Lösung nach Piraths Methodik nicht fehlgegangen ist. Die grundsätzlichen Gedanken von Kap. VII wiederum fanden sich in nachgelassenen Notizen vor und wurden unter weitgehendem Gebrauch von Originalwendungen verarbeitet.

Über die Behandlung des Themas „Die öffentliche Hand und die Entwicklungsmöglichkeiten" (Kap. VIII) waren weder im Arbeitsprogramm noch im Nachlaß Anhaltspunkte gegeben. Die Erarbeitung und textliche Formulierung dieses Themas hat der derzeitige geschäftsführende Institutsassistent, Bundesbahnbauassessor C. H. Boecker, übernommen, wofür ihm ebenso wie für die umfassende Unterstützung des gesamten Vorhabens Dank zu sagen ist.

Ganz besonders ist der Unterzeichnete dem jetzigen Direktor des Verkehrswissenschaftlichen Instituts an der Technischen Hochschule Stuttgart, Professor Dr.-Ing. Walther Lambert, zu Dank verpflichtet, welcher die Fertigstellung des Pirathschen Werkes mit ganzer Kraft unter Zurückstellung eigener Arbeiten gefördert hat.

Ulrich Fröchtling

I. Sinn und Zweck der Untersuchung

Seit Beginn des Zeitalters der Technik hat das Auftreten eines neuen Verkehrsmittels mit bis dahin noch nicht bekannten Wesensmerkmalen stets Anlaß zu wagemutigen, jedoch ernsthaften Planungen, aber ebensosehr zu uferlosen Spekulationen gegeben. Das konnte auch beim Hubschrauber (Helikopter) nicht ausbleiben, seit er im Zuge seiner Entwicklung nunmehr in das Stadium der Betriebsreife zu treten beginnt. Besonderes Interesse gewinnt die Beschäftigung mit dem Hubschrauberproblem durch die täglich deutlicher werdenden Unzulänglichkeiten und Grenzen der erdgebundenen Verkehrsmittel in unserem von wachsender Raumnot bedrängten Kontinent, die auch durch das Verkehrsluftfahrzeug bisheriger Bauart, den Starrflügler, nicht beseitigt werden können. Namentlich für den Nah- und Bezirksverkehr ist das Starrflügelflugzeug — sieht man von den Kosten einmal ganz

Tabelle 1. *Übersicht der betrachteten Baumuster von Hubschraubern und Starrflüglern ähnlicher Größe*

Art des Fluggerätes Baumuster	Dimension	Hubschrauber Bell 47 D 1	Starrflügler Beechcraft C35 Bonanza	Hubschrauber Sikorsky S 55	Starrflügler De Havilland DH 104 Dove	Hubschrauber Piasecki PD 22	Starrflügler De Havilland DH 114 Heron	Hubschrauber Sikorsky S 56	Starrflügler Fokker Friendship F 27	Hubschrauber (Projekt) H 40	Starrflügler Consolidated Vultee Convair 340
1	2	3	4	5	6	7	8	9	10	11	12
Platzzahl (einschl. Besatzung)	Plätze	3	4	10	10	15	16	30	31	40	40
Gesamtgewicht	kg	1 000	1 226	3 200	3 855	5 200	5 897	15 400	15 513	20 500	21 319
Leergewicht[1]	kg	630	738	2 060	2 551	3 400	3 697	10 860	9 349	10 000	11 116
Nutzlast + Betriebszuladg.	kg	370	488	1 140	1 304	1 800	2 200	4 540	6 164	10 500	10 203
Zahl der Rotoren	Anzahl	1	—	1	—	2	—	1	—	2	—
Zahl der Motoren	Anzahl	1	1	1	2	1	4	2	2	2	2
Motorenleistung	PS	180	1 × 205	1 × 600	2 × 350	1 × 1425	4 × 254	2 × 1900	2 × 1550	2 × 2530	2 × 2433
Kraftstoffverbrauch	kg/100 km	25	15	65	25	95	46	335	190[2]	656[2]	115
Streckengeschwindigkeit (Fluggeschwindigkeit)	km/h	136	282	140	288	195	295	240	428	210	450
Höchstgeschwindigkeit	km/h	150	.	177	.	222	.	.	450	.	520
Steiggeschwindigkeit (schräg)	m/s	4,7	5,6	5,6	3,8	8,1	5,5	10,0	7,6	.	6,2
Reichweite	km	272	1 100	651	1 500	960	2 000	370	1 335	.	2 700
Länge über alles	m	12,58	7,67	19,05	11,98	27,00	14,80	.	22,20	.	24,13
Rumpflänge	m	9,27	.	13,13	.	17,20	.	16,76	.	.	.
Höhe	m	2,79	2,00	3,90	3,96	4,88	4,75	.	8,10	.	8,58
Breite bzw. Spannweite	m	2,83	10,00	3,36	17,37	.	21,80	.	29,00	.	32,10
Rotordurchmesser	m	10,72	—	16,00	—	13,42	—	27,40	—	.	—
Beschaffungspreis	DM	124 000	80 000	610 000	306 000	980 000	425 000	2 100 000	1 950 000	3 380 000	2 730 000

[1] Bei den Starrflüglern ist das „Rüstgewicht" eingesetzt, welches das Gesamtgewicht des Flugzeugs ohne Nutzlast und Betriebszuladung bedeutet.
[2] Die hohen Werte sind bedingt durch Turboantrieb mit etwa 30% billigerem Treibstoff.

ab — völlig ungeeignet, da es in der Luft die unteren Geschwindigkeitsbereiche[1] absolut nicht zu beherrschen vermag und infolgedessen raumfressende Start- und Landeplätze benötigt, die sich meist nur abseits der Zentren des Verkehrsbedarfs anlegen lassen. In der Tat scheint der Hubschrauber geeignet zu sein, die bisherigen Lücken in der Befriedigung der Verkehrsbedürfnisse zu schließen.

Es ist die Aufgabe der vorliegenden Untersuchung, „den tatsächlichen Verkehrs- und Betriebswert des Hubschraubers für heute und die übersehbare Zukunft unter gewissen Prämissen, abgesetzt von phantasievollen Betrachtungen, wie sie in der Tagespresse so häufig zu lesen sind, zu behandeln und darüber die Öffentlichkeit zu unterrichten"[2]. Dies kann nur den Hubschrauber als Verkehrsmittel betreffen, denn seine Eignung als Gerät für Spezialaufgaben (Notrettungsdienst, Schädlingsbekämpfung u. ä.) ist unbestritten und unter völlig anderen Gesichtspunkten zu beurteilen. Bei einer solchen Betrachtung wird die Personenbeförderung den breitesten Raum einnehmen, da deren Eilbedürfnis na-

---

[1] Loah, W.: Das Geschwindigkeitsideal in der zivilen Luftfahrt, Internationales Archiv für Verkehrswesen 1953, Heft 2, S. 37 ff.

[2] Aus einem Brief Piraths an Prof. Dr. H. R. Meyer (Bern) im Oktober 1953.

mentlich bei stark erhöhten Kosten dasjenige des Güterverkehrs bedeutend überwiegt.

Zweifellos bietet der Hubschrauber bisher im Verkehrswesen noch nicht gekannte Möglichkeiten; jedoch haben in der Laienwelt Vorstellungen und Projekte Platz gegriffen, die für einen Regelbetrieb häufig über das technisch Mögliche, zumindest über das wirtschaftlich Vertretbare hinausgehen. Im folgenden soll nun dargestellt werden, wo die Grenzen hinsichtlich der drei Grundelemente liegen, nach denen jedes im regelmäßigen Einsatz stehende Verkehrsmittel zu beurteilen ist: Sicherheit, Leistungsfähigkeit, Wirtschaftlichkeit.

II. Stufen und Stand der Entwicklung

Vor der Betrachtung nach diesen drei Gesichtspunkten hat man sich zu vergegenwärtigen, welchen technischen und wirtschaftlichen Stand der Hubschrauber bisher erreicht hat und welche Erwartungen für die nächste Zukunft an ihn geknüpft werden können.

1. Stand der Entwicklung in technischer Hinsicht

Wo also steht die technische Entwicklung des Hubschraubers gegenwärtig und mit welchem Maßstab ist bei der Beurteilung zu messen? Tab. 1 gibt hierauf Antwort. Sie enthält eine Übersicht der wichtigsten Daten von fünf Hubschrauberbaumustern verschiedener Größen mit 3 bis 40 Sitzplätzen bzw. von 1000 bis 20 000 kg Gesamtgewicht. Da es naheliegend ist, als Vergleichsmaßstab ähnlich große Starrflügelflugzeuge heranzuziehen, wurde in Tab. 1 jedem Hubschrauber ein Starrflügler mit gleicher Sitzplatzzahl und ähnlichem Gesamtgewicht zur Seite gestellt.

a) Die Tragfähigkeit

Als erste wichtige Frage nach den technischen Merkmalen ist die der Tragfähigkeit der ausgewählten Muster zu behandeln. Das heißt: welches Verhältnis besteht bei den Hubschraubern bzw. Starrflüglern zwischen Leergewicht, Betriebszuladung[1] und Nutzlast? Hier äußert sich bereits der erste Charakterunterschied der beiden Flugzeugarten, auf den später noch näher einzugehen ist. Tab. 1 weist nämlich aus, daß die Hubschrauber trotz mäßiger Fluggeschwindigkeit einen beträchtlich höheren spezifischen Treibstoffverbrauch haben. Damit ist die Größe ihrer Nutzlast vom notwendigen Treibstoffvorrat und folglich von der Flugweite stärker abhängig als die der Starrflügler. Um zu praktischen Ergebnissen bei der Gegenüberstellung zu gelangen, sind als Beispiel zwei Entfernungsbereiche gewählt, die für den Hubschrauber voraussichtlich in Frage kommen: 150 km und 300 km Flugweite.

Wie sich für diese Entfernungen die Nutzlast im Verhältnis zum Leer- und Gesamtgewicht ergibt, zeigt als Funktion der Sitzplatzzahl Abb. 1a. Zur Veranschaulichung ist der Anteil von Leergewicht, Nutzlast und Betriebszuladung in Prozent des Gesamtge-

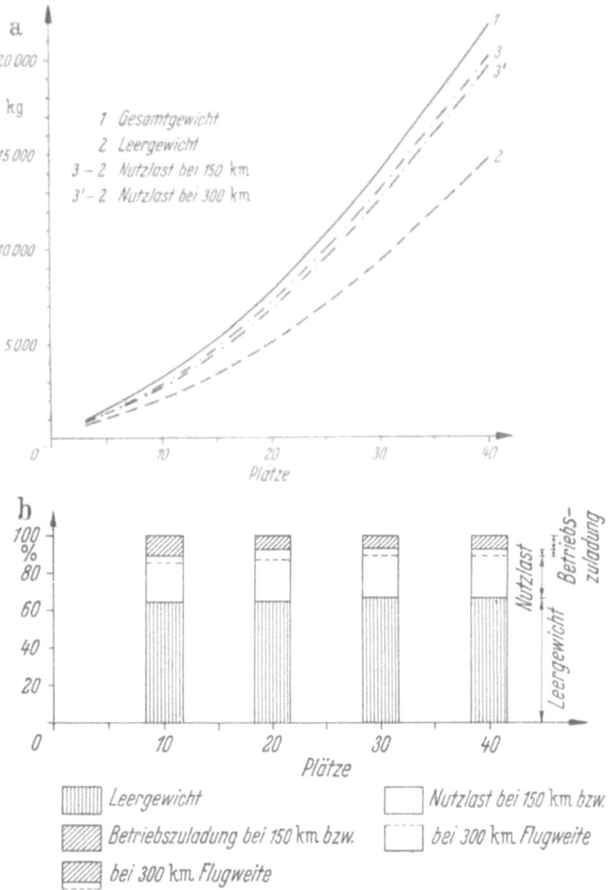

Abb. 1. Analyse des Gesamtgewichts der Hubschraubertypen getrennt nach Leergewicht, Nutzlast und Betriebszuladung bei 150 und 300 km Flugweite in Abhängigkeit von der Sitzplatzzahl: a) in absoluten Werten, b) in Prozent

---

[1] Betriebszuladung: Besatzung, Treibstoff- u. Ölvorräte.

wichts für die runden Zahlen von 10, 20, 30 und 40 Plätzen interpoliert in Abb. 1 b herausgezeichnet. Der mitgeführte Treibstoffvorrat ist dabei so bemessen, daß er außer für die geforderte Flugweite von 150 oder 300 km noch für weitere 30 Minuten Flugdauer als Reserve ausreicht.

Abb. 1 a läßt durch die nach oben gekrümmte Kurve erkennen, daß bei wachsender Größe des Hubschraubers wie beim Starrflügler mit einem progressiv steigenden Gesamtgewichtsanteil je Sitzplatz zu rechnen ist[1]. Der Größenentwicklung ist also eine wirtschaftliche Grenze gesetzt. In welchem Bereich sie auspendeln wird, läßt sich wegen der heute noch nicht übersehbaren Ausschöpfung konstruktiver Verbesserungsmöglichkeiten und weiteren wirtschaftlichen Gesamtentwicklung keineswegs eindeutig bestimmen. Für den Zeitraum der nächsten 20 Jahre ist jedoch mit Hubschrauberkonstruktionen von höchstens 20 t Gesamtgewicht und 40 bis 50 Plätzen zu rechnen.

Ein merklicher Unterschied in den Anteilen von Leergewicht, Betriebszuladung und Nutzlast ist nach Abb. 1 bei den verschiedenen Größenordnungen nicht zu verzeichnen.

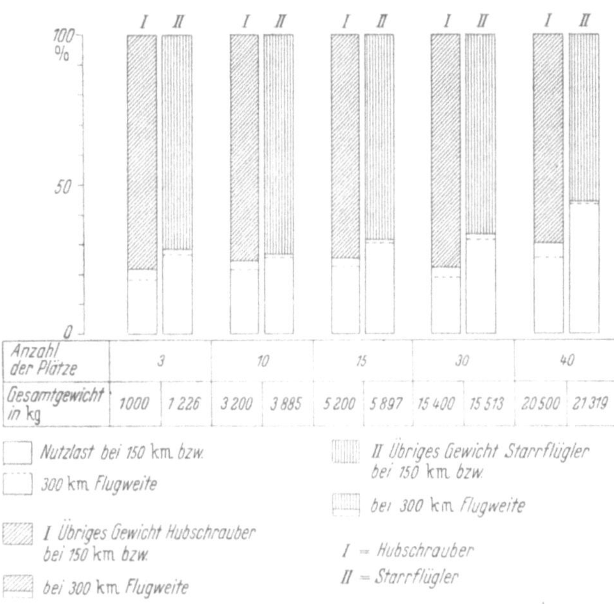

Abb. 2. Nutzlast im Verhältnis zum Gesamtgewicht bei Hubschraubern und Starrflüglern mit ähnlichen Gesamtgewichten und Platzzahlen für 150 und 300 km Flugweite

Zum Vergleich der gewonnenen Werte mit denen, die beim Starrflügler gültig sind, wurde Abb. 2 aufgestellt. Sie zeigt für die in Tab. 1 aufgeführten Baumuster eine Gegenüberstellung der Nutzlast in Prozent des Gesamtgewichts, aus der man erkennt, daß der Hubschrauber mit seinem Nutzlastanteil stets niedriger als der Starrflügler liegt. Dieser Nachteil wächst infolge des hohen Treibstoffverbrauchs mit zunehmender Flugweite und führt zu den in

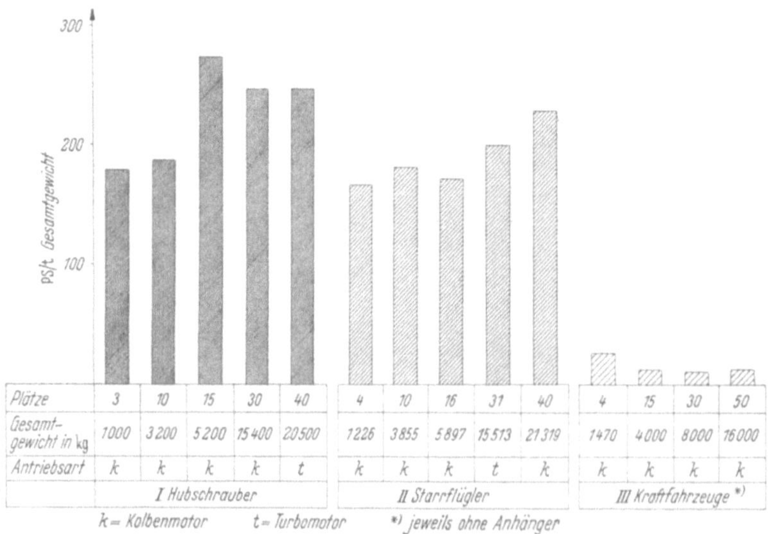

Abb. 3. Installierte Motorleistung in PS/t Gesamtgewicht für Hubschrauber, Starrflügler und Kraftfahrzeuge bei ähnlichen Gesamtgewichten und Platzzahlen

Tab. 1 verzeichneten geringen Reichweiten. Demgegenüber verliert beispielsweise das Starrflügelflugzeug Convair 340 an Nutzlast erst bei Entfernungen über 380 km.

[1] Lutz, O.: Antriebsfragen der Verkehrsluftfahrt von morgen, Zeitschrift für Flugwissenschaften, Heft 3/4, 1955, S. 72.

b) Die Antriebsleistung

Als nächstes technisches Faktum ist die notwendige und mögliche Leistung der Antriebsmaschine zu betrachten. Da sich das erdgebundene Kraftfahrzeug der gleichen
Antriebsart, des Verbrennungsmotors, bedient, wird es in diesem Zusammenhang zweckmäßig in den Vergleich eingeschaltet[1]. Abb. 3 zeigt, welche spezifische Leistung in PS je
Tonne Gesamtgewicht in den verschiedenen Größenklassen beim Hubschrauber, Starrflügler
und Kraftfahrzeug installiert ist. Der Unterschied zwischen Hubschrauber und Starrflügler
ist bedeutungslos, lediglich bei den größeren Typen braucht der Hubschrauber eine größere
spezifische Leistung als der Starrflügler. Das Kraftfahrzeug weist jedoch erheblich abweichende Werte auf. Da es als erdgebundenes Fahrzeug nur die Reibung zwischen Rad und
Fahrbahn, den für seine Geschwindigkeiten meist verhältnismäßig geringen Luftwiderstand
und gegebenenfalls mäßige Steigungswiderstände zu überwinden hat, benötigt es an spe-
zifischer Motorleistung nur einen Bruchteil von dem, was in der Luftfahrt erforderlich ist.
Die Flugzeuge müssen sich erst vermittels ihrer Motorenleistung die „Fahrbahn" durch
Überwindung der Schwerkraft selbst schaffen; beim Starten haben sie bedeutendere Höhen-
unterschiede (Steigungen) zu überwinden als es im Erdverkehr üblich ist, und schließlich
fordert die wegen der „Bahnfreiheit" mögliche größere Geschwindigkeit infolge des quadra-
tisch zunehmenden Luftwiderstandes dem Motor die entsprechend hohe Leistung ab.

So wenig neu diese Erkenntnisse sind, gewinnen sie doch jetzt mehr an Bedeutung, da man
an einen Verkehr in der Luft auch auf kürzere Entfernungen denkt und damit Wirtschaftlich-
keitsvergleiche zwischen Erd- und Luftfahrzeugen sinnvoll und notwendig werden.

Aus Abb. 3 ist der Schluß zu ziehen, daß der Hubschrauber sich im Verhältnis Motorleistung zu Gewicht des Verkehrsmittels nicht wesentlich anders verhält als das Starrflügelflugzeug. Es sind je Tonne Gesamtgewicht 180 bis 250 PS installiert gegenüber beim Kraftfahrzeug 26 PS/t (Pkw) und 12,5 PS/t (Omnibus).

c) Die Geschwindigkeit

Als weiteres wichtiges Merkmal interessiert die Geschwindigkeit. Vor Betrachtung der
Abb. 4, welche hierüber Aufschluß gibt, muß man sich jedoch klar werden, welche Art von
Geschwindigkeit als Maßstab für die Beurteilung in technischer Hinsicht dienen soll.

Zwischen Höchstgeschwindigkeit und Reisegeschwindigkeit besteht ein großer Unterschied, der sich durch planmäßige Zwischenhalte und durch Behinderungen ergibt, welche
von vorausfahrenden Fahrzeugen, vom Querverkehr, oder aber von nicht verkehrsgerechter
Ausbildung des Fahrweges nach Trasse und Fahrbahn herbeigeführt werden. Diese Faktoren
sind so einflußreich, daß als Reisegeschwindigkeit im allgemeinen kaum mehr als die halbe
Höchstgeschwindigkeit erreicht wird. Das Mißverhältnis zwischen Reise- und Höchstgeschwindigkeit kann allerdings durch besondere bauliche Anlagen, welche die Störungs-
faktoren weitgehend ausschalten, verbessert werden. Ein Beispiel dafür sind im Straßenverkehr die Autobahnen.

Im Luftverkehr schafft zwar die Ausnutzung der dritten Dimension weitgehend Befreiung
von Störungen solcher Art, jedoch können an ihrer Stelle Seiten- oder Gegenwind die Geschwindigkeit erheblich mindern, Rückenwinde sie wiederum fördern. Auch Schlechtwetter-
lagen über einem Flugplatz lassen es unter Umständen notwendig werden, einen eventuell
mehrere hundert Kilometer entfernt gelegenen Ausweichhafen anzufliegen, oder gar zum
Ausgangspunkt zurückzukehren. Hierbei wäre die Berechnung einer „Reisegeschwindigkeit"
ad absurdum geführt.

Man sieht, daß der Luftraum auch nicht störungsfrei ist; allgemein aber kann man sagen,
daß das Flugzeug im praktischen Einsatz seiner Höchstgeschwindigkeit recht nahe kommt.

---

[1] Auf eine Einzeldarstellung der zum Vergleich herangezogenen Kraftfahrzeuge wurde verzichtet, da Mittelwerte von insgesamt über 50 Typen verwendet wurden. Bei den Gewichtsangaben beachte man, daß es sich um
das Gesamtgewicht, also einschließlich Insassen und Gepäck handelt.

Andrerseits hat ein Zwischenhalt im Luftverkehr einen viel schwerer wiegenden Einfluß auf die Reisegeschwindigkeit als im Erdverkehr. Einmal sind die Aufenthalte bedeutend länger durch die großen Zeitpuffer für die ebenfalls wetterabhängigen Anschlußflüge sowie durch den Zeitbedarf für flugdienstliche Formalitäten, technischen Bodendienst an der Maschine, belegte Startbahn und Zollabfertigung. Zum anderen benötigen auch die Start- und Landevorgänge Zeit, namentlich dann, wenn ein Flugzeug wegen belegter Landebahn auf die Warteschleife verbannt wird. Da jedoch im Mittelstreckenluftverkehr bisheriger Prägung ein großer Teil der Reisen[1] ohne Zwischenhalt durchgeführt wird — ein für die öffentlichen Erdverkehrsmittel seltenes Faktum — oder die Zahl der Zwischenhalte zumindest sehr gering ist, läßt sich die Reisegeschwindigkeit zwischen Luft- und Erdverkehrsmitteln nicht gut vergleichen. Es sei daher auf den Begriff der Streckengeschwindigkeit (das heißt Flug- bzw. Fahrgeschwindigkeit) zurückgegriffen[2], welche die mittlere Geschwindigkeit zwischen den planmäßigen Halten unter Berücksichtigung der Störungen auf der Strecke darstellt. Diese Streckengeschwindigkeiten sind in Abb. 4 aufgetragen.

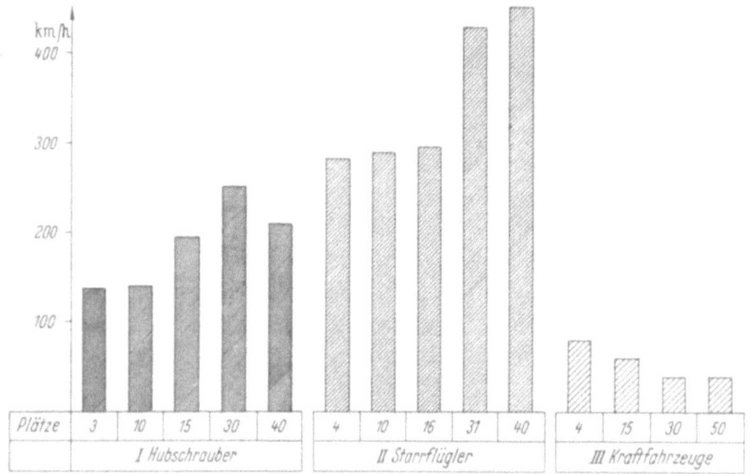

Abb. 4. Mittlere Streckengeschwindigkeiten (Flug- bzw. Fahrgeschwindigkeiten) von Hubschraubern, Starrflüglern u. Kraftfahrzeugen mit ähnlichen Gesamtgewichten und Platzzahlen

Die Überlegenheit der Starrflügler gegenüber den Hubschraubern ist deutlich erkennbar. Sie ist überwiegend in aerodynamischen Bedingungen begründet: Die für Hubschrauber typische Ausbildung von Rumpf, Fahrwerk und Rotorkopf erzeugt große Luftwiderstände. Wenn man auch durch günstigere Gestaltung bei den neueren Mustern, wie Sikorsky S 56, Verbesserungen erreicht hat, so sind diesen durch die Eigenart des Antriebes doch Grenzen gesetzt. Vor allem die Rotorblätter bewirken besonders bei hohen Geschwindigkeiten durch die dann auftretenden „Abreißeffekte" unvermeidbare Widerstände von erheblichem Ausmaß.

Die höhere Geschwindigkeit des Starrflüglers ist also ein systembedingter Vorteil. Bedenkt man jedoch, daß sie durch den Zeitaufwand des Zubringerdienstes zwischen Stadtzentrum und Flughafen zum Teil wieder aufgezehrt wird, so ergeben sich für einen im Zentrum des Verkehrsbedarfs startenden und landenden Hubschrauber trotz geringerer Fluggeschwindigkeit, zumindest auf einige Entfernung, zeitliche Vorteile. Hierüber werden in einem späteren Kapitel noch eingehende Betrachtungen angestellt.

Es sei außerdem erwähnt, daß die hohen Geschwindigkeiten der Luftfahrzeuge nicht nur als verkehrswerbend zu bewerten sind, sondern auch wegen der geringen „Fahrzeugumlaufzeit" günstige betriebswirtschaftliche Folgen haben, weil für die Darbietung gleicher Häufigkeit in der Verkehrsbedienung mit höherer Geschwindigkeit ein kleinerer Fahrzeugpark notwendig ist. Die hohen Investitions- und Kapitaldienstkosten für die schnellen Verkehrsmittel werden dadurch teilweise wieder wettgemacht.

---

[1] Im Gegensatz zu den Kursen der Flugzeuge, die meist mehrere Zwischenlandungen vorsehen.

[2] Siehe auch C. Pirath: Die Grundlagen der Verkehrswirtschaft, 2. Aufl. S. 161, Berlin/Göttingen/Heidelberg: Springer 1949.

d) Der spezifische Treibstoffverbrauch

Als letztes technisches Wesensmerkmal ist der bereits erwähnte Kraftstoffverbrauch zu besprechen. Wie bereits in Abschn. b erörtert wurde, bestehen zwischen Hubschrauber und Starrflügler hinsichtlich der Leistungsbemessung der Antriebsmaschinen kaum Unterschiede. Also kann auch der Treibstoffverbrauch je Zeiteinheit nicht sehr unterschiedlich sein. Bezieht man aber den Verbrauch, wie es den Betriebswirtschaftler allein interessiert, auf den zurückgelegten Weg, so muß der Hubschrauber wegen der prinzipiell niedrigeren Geschwindigkeiten pro Platzkilometer bedeutend höhere Sätze aufweisen. Dies zeigen die in Abb. 5 gegenübergestellten Daten über den mittleren Verbrauch für 100 km, wie er sich bei normalem Gegen- oder Seitenwind für die übliche Flug- bzw. Fahrgeschwindigkeit ergibt (s. auch Tab. 1).

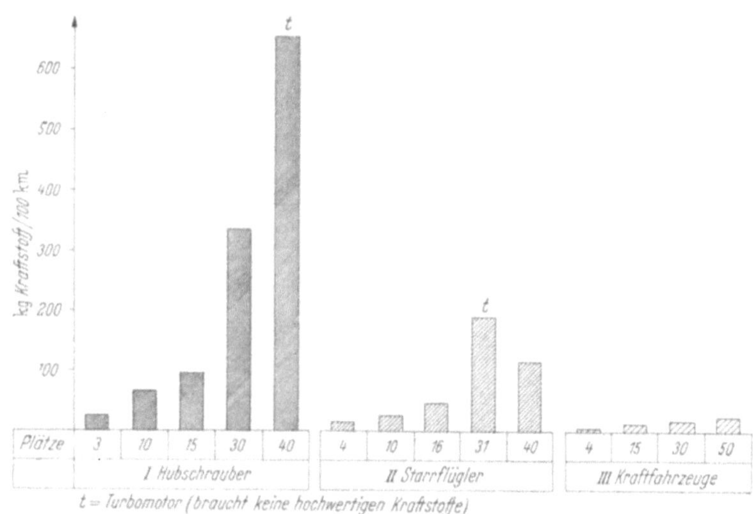

Abb. 5. Kraftstoffverbrauch von Hubschraubern, Starrflüglern und Kraftfahrzeugen mit ähnlichen Gesamtgewichten und Platzzahlen für 100 km Flug- bzw. Fahrweite

Der hohe Verbrauch des Hubschraubers ist also nicht als mangelnde Konstruktionsreife, sondern als typische Eigenschaft zu werten.

2. Stand der Entwicklung in wirtschaftlicher Hinsicht

Mit der Behandlung des Treibstoffverbrauchs ist bereits ein Thema besprochen, welches gleichermaßen wirtschaftlicher wie technischer Natur ist.

Sehr wesentlich für die spätere wirtschaftliche Beurteilung sind bei der verhältnismäßig kurzen Lebensdauer der Flugzeuge die Beschaffungskosten. Hier wird ein Gebiet betreten, welches beim Hubschrauber weitaus noch nicht so eingegrenzt ist wie bei den herkömmlichen Verkehrsmitteln, zu denen inzwischen auch das Starrflügelflugzeug zu rechnen ist. Aufwendungen für Versuche und Erprobungen, Ausnutzungsgrad der Produktionsmittel in Abhängigkeit vom Umfang einer aufgelegten Serie und andere Ausgangspunkte für die Kalkulation sind zur Zeit derartig verschieden, daß man noch keine allgemeingültigen Werte für mittlere spezifische Beschaffungskosten bilden kann.

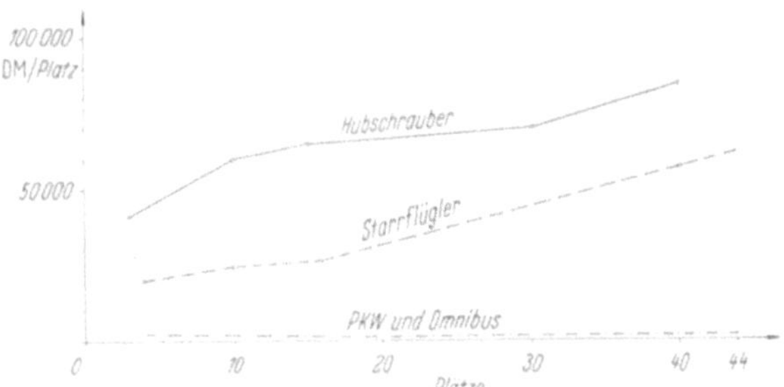

Abb. 6. Spezifische Anschaffungskosten in DM je Sitzplatz für Hubschrauber, Starrflügler und Kraftfahrzeuge

Dennoch wurde eines ersten Überblicks wegen versucht, die spezifischen Beschaffungskosten für Hubschrauber, Starrflügler und Kraftfahrzeuge bezogen auf die Platzzahl in Abb. 6 einander gegenüberzustellen. Danach liegen die für Hubschrauber nötigen Investitionen recht beträchtlich über denen für Starrflügler, von den Erdverkehrsmitteln ganz zu schweigen. Darüber hinaus erhöht sich die später noch besonders zu behandelnde Abschreibungsquote je Platzkilometer gegenüber dem Starrflügler noch durch kürzere Lebensdauer und geringeren möglichen Beschäftigungsgrad auf ein Vielfaches.

Einen interessanten Einblick, wie sich beim Hubschrauber Gewicht und Kosten auf die Hauptkonstruktionselemente verteilen, gewährt Tab. 2, welche amerikanische Angaben enthält, die auf kg und DM umgerechnet wurden[1].

Tabelle 2. *Analyse des Gewichts und der Anschaffungskosten des Hubschraubers nach den Einzelkonstruktionsteilen (ohne Ausrüstung)*

Einzelkonstruktionsteil	Hubschraubertypen											
	S 55				PD 22				H 40			
	Gewicht		Kosten		Gewicht		Kosten		Gewicht		Kosten	
	in kg	in %	in 1000 DM	in %	in kg	in %	in 1000 DM	in %	in kg	in %	in 1000 DM	in %
1	2	3	4	5	6	7	8	9	10	11	12	13
Fluggerüst einschließlich Nebenteile	1 100	56	386	62	1 570	50	550	57	5 410	54	1 905	57
Drehflügel	160	8	27	5	252	8	44	4	760	8	132	4
Getriebe	335	17	125	21	722	22	267	28	2 495	25	920	27
Motoren	380	19	68	12	630	20	111	11	1 295	13	405	12
Summe	1 975	100	606	100	3 174	100	972	100	9 960	100	3 362	100

Es mag auffallen, daß in den bisherigen Gegenüberstellungen eines der wichtigsten Verkehrsmittel, die Eisenbahn, nicht erscheint. Doch ist ein Vergleich ihrer Konstruktionsdaten und mehr noch der Kosten mit denen der einzelnen Flugzeugtypen wenig sinnvoll. Die Eisenbahn muß mit einem so hohen Anteil an Fixkosten rechnen, die nur global auf die Einzelleistungen umlegbar sind, daß ein schlüssiger Vergleich zwischen Einzelfahrzeugen nicht möglich ist. Dieser Umstand soll jedoch nicht daran hindern, die Eisenbahn hinsichtlich ihres Betriebs- und Verkehrswertes später auch in die Untersuchungen einzubeziehen.

3. Entwicklungstendenzen für die nächste Zukunft

Da die Entwicklung noch sehr im Fluß ist, muß versucht werden, einen Blick in die nächste Zukunft zu werfen, um nicht zu Fehlschlüssen und Fehlentscheidungen zu gelangen.

Es kann angenommen werden, daß sich die hohen Kosten des Hubschraubers künftig noch senken lassen. Das umsomehr, je stärker sich der Hubschrauber dank seiner vorteilhaften Eigenschaften in die Bedienung des Verkehrs einschalten kann. Auch werden reifere Konstruktionen in großen Serien viel zur Kostensenkung beitragen.

Wie man sich in den Vereinigten Staaten von Amerika den Fortgang der technischen und wirtschaftlichen Entwicklung vorstellt, berichtet die erwähnte Denkschrift der Abteilung für Luftverkehr der New Yorker Hafenbehörde. Hieraus bringt Tab. 3 einen Auszug unter Umrechnung in dekadisch-metrisches Maßsystem und deutsche Geldwährung. Danach hofft man, die Kosten je angebotenes Platzkilometer in den nächsten 15 Jahren auf die Hälfte herabsetzen, die Geschwindigkeit im Regeleinsatz auf das Eineinhalbfache erhöhen und das Platzangebot bedeutend steigern zu können. Mit der Einbeziehung des vorerst nur im militärischen Einsatz stehenden Baumusters S 56 und des für 1965 geplanten Modells H 40 in die vorliegende Untersuchung ist die künftige Entwicklung des zivilen Hubschrauberverkehrs bereits berücksichtigt.

Ein weiteres Zukunftsprojekt ist das „Verwandlungsflugzeug", welches die Vorzüge des Hubschraubers beim Starten und Landen mit denen des Starrflüglers im Streckenflug vereinigen soll. Allerdings befindet es sich noch zu sehr im Frühstadium seiner Entwicklung, als daß man hierüber heute schon verkehrswirtschaftliche Betrachtungen anstellen könnte.

[1] Transportation by Helicopter 1955—1975, A Study of Its Potential in the New Jersey — New York Metropolitan Area, Aviation Department The Port of New York Authority, November 1952.

Die damit ab geschlossene technische und wirtschaftliche Tatbestandsaufnahme hat für den Hubschrauber als Einzelerscheinung betrachtet keine sonderlichen Vorzüge aufgewiesen. Er liegt im Gegenteil mit seinen Werten meist ungünstiger als die Vergleichsobjekte. Die Vor-

Tabelle 3. *Entwicklungstendenz der technischen und wirtschaftlichen Daten für die Hubschrauber in den nächsten 15 Jahren in den USA* nach „Transportation by Helicopter 1955—1975" by the Port of New York Authority Aviation Department

Gegenstand	Zeitperioden		
	1955—1960	1960—1965	1965—1970
1	2	3	4
Gesamtlänge in m	15—16	24—27	40—42
Breite in m	2—3	4—5	3—4
Höhe in m	4—5	4,5—5,5	7—8
Drehflügeldurchmesser in m	10—16	13—16	24—26
Gewicht in kg[1]			
Bruttogewicht in kg	2 500—3 600	5 000—6 800	11 300—16 000
Leergewicht in kg	1 700—2 200	3 200—5 400	9 100—9 980
Sitzplätze[1]	8—10	15—20	30—40
Geschwindigkeit in km/h			
durchschnittlich	140—160	185—190	225
Anschaffungskosten in DM	500 000	650 000	1 400 000
Direkte Betriebskosten[2] je angebotenes Platzkm in DM	0,25	0,16	0,12
Bei 65% Auslastung	0,34	0,21	0,16
Direkte Flugbetriebskosten je angebotenes Platzkm für Starrflügelflugzeuge in DM	0,38—0,42	0,25—0,30	0,17—0,21

[1] Die Schrift „Heliport location and design" vom Mai 1955 gibt für Gewicht und Platzzahl etwas höhere Werte an (siehe „Raumlage und Gestaltung von Hubschrauberflughäfen" von C. E. Gerlach, Tab. 1, S. 40 dieses Heftes).

[2] Ungefähr 66% der gesamten Selbstkosten bei 80 km Flugweite.

teile werden also nur in den verkehrlichen und betrieblichen Einsatzmöglichkeiten zu suchen sein. Diese sind unter Zugrundelegung der erarbeiteten Daten in den folgenden Abschnitten nach den drei Grundelementen — Sicherheit, Leistungsfähigkeit, Wirtschaftlichkeit — behandelt.

III. Die Elemente der Sicherheit

Die Sicherheit eines Verkehrsmittels wird durch zwei Komponenten bestimmt:
a) Die Sicherheit der technischen Konstruktion gegen Kollision mit der Umgebung;
b) die Sicherheit der Betriebsorganisation gegen Kollision der Transporteinheiten untereinander.

Da der Hubschrauber erst seit kurzem und nur vereinzelt im regelmäßigen Liniendienst steht, ist für ihn noch keine vergleichsfähige Statistik nach Zahl der Unfälle und Unfallfolgen im Verhältnis zu den geleisteten Pkm oder zur Zahl der beförderten Personen vorhanden, wie sie beispielsweise die Starrflügler oder die Eisenbahnen aufweisen. Dennoch geben die bisherigen Aufschreibungen über den nicht planmäßigen Hubschrauberverkehr in den USA bereits aufschlußreiche Hinweise, wenn man die Unfallfolgen, das heißt die Zahl der getöteten und verletzten Personen oder ausschließlichen Materialschaden, auf die Zahl der registrierten Unfälle bezieht und den Ergebnissen des planmäßigen Luftverkehrs mit Starrflüglern gegenüberstellt.

In Tab. 4 sind die von der Luftfahrtabteilung der New Yorker Hafenbehörde über 2 Jahre und 9 Monate gesammelten Hubschrauberunfallberichte nach Unfallursache, Unfallfolgen und Unfallumständen analysiert und mit der entsprechenden Luftverkehrsstatistik von 1950

Tabelle 4. *Unfallanalyse des Hubschrauber- und Starrflügler-Luftverkehrs*

		Unfallursachen					Unfallfolgen					Unfallumstände					
	Zahl der Unfälle	Witterungseinflüsse	Mängel am Fluggelände	Mängel am Flugzeug	Fehler des Flugpersonals	Sonstige	Tote	Verletzte	Beschädigung des Flugzeugs	Spezifische Unfallfolge Tote/Unfall	Verletzte/Unfall	Rollfeld	Start	Flug	Landung	in Stand	sonstige Unfälle (auch unbekannte)
1	2	3	4	5	6	7	8	9	10	11	12	13	14	15	16	17	18

a) Hubschrauberverkehr in den USA in den Jahren 1949 bis 1951

1949	47	5	4	21	15	2	4	4	32	0,085	0,085	—	8	19	17	3	—
1950	39	4	—	17	11	7	3	7	27	0,081	0,180	—	6	22	8	3	—
1951 (9 Mon.)	18	2	—	7	7	2	1	—	12	0,056	0,000	—	3	12	3	—	—
Summe bzw. Mittel	104	11	4	45	33	11	8	11	71	0,077	0,106	—	17	53	28	6	—

b) Starrflügler-Flugzeugverkehr der amerikanischen Luftverkehrsgesellschaften 1950

1950																	
I. Inlandsverkehr																	
1. planmäßige Flüge																	
a) Personenverkehr	35	4	—	16	13	2	109	13	29	3,12	0,37	7	5	8	13	—	2
b) sonstig. Verkehr	8	1	1	4	2	—	6	—	8	0,75	0,00	2	2	2	1	—	1
2. nichtplanmäß. Flüge	22	2	4	7	8	1	42	4	22	1,91	0,18	2	6	5	7	—	2
II. Auslandsverkehr (Intern. Luftverkehr)																	
1. planmäßige Flüge	9	—	—	1	4	4	56	—	9	6,22	0,00	—	1	2	2	—	4
2. nichtplanmäß. Flüge	2	—	—	—	2	—	—	—	2	—	—	1	—	1	—	—	—
Summe bzw. Mittel	76	7	5	28	29	7	213	17	70	2,80	0,22	12	14	18	23	—	9

verglichen. Als spezifische Unfallfolge weist der Starrflügler mit im Mittel 2,8 Toten je Unfall einen 36mal höheren Wert auf als der Hubschrauber mit nur 0,077. Dabei darf jedoch nicht außer acht gelassen werden, daß die Zahl der jeweiligen Insassen zur Zeit beim Starrflügler noch sehr viel größer ist als beim Hubschrauber, im Durchschnitt aber nicht das 36fache betragen wird. Andrerseits beinhalten die Hubschrauberzahlen viele Werk- und Versuchsflüge, bei denen man größere Risiken eingeht als im planmäßigen Luftverkehr. Daß die Zahl der Verletzten je Unfall beim Starrflügler nur mehr doppelt so groß ist als beim Hubschrauber, liegt daran, daß bei Starrflüglerunfällen überwiegend Totalverluste eintreten. Die zwangsläufig hohen Fluggeschwindigkeiten, welche in der Energiegleichung als quadratische Potenz enthalten sind, ergeben bei Kollisionen des Starrflüglers eine stets große Zerstörungsenergie.

Hier bringt der Hubschrauber für die Sicherheitsforderung hinsichtlich der technischen Konstruktion bedeutend bessere Voraussetzungen mit. Er beherrscht nicht nur im Fluge sämtliche Geschwindigkeiten unterhalb V_{max}, sondern ist sogar fähig, in der Luft stehenzubleiben. Er ist das manövrierfähigste Fortbewegungsmittel, das es gibt, denn er kann gegebenenfalls ohne zu wenden übergangslos jede beliebige Richtung in den drei Dimensionen einschlagen. Trotz des weichen Mediums Luft verfügt der Hubschrauber auch aus der Höchstgeschwindigkeit heraus über kürzere Bremswege als sogar der Kraftwagen und kann sie jederzeit vor etwa plötzlich auftauchenden Hindernissen voll ausnützen, wobei keine Schleuder- und Rutschgefahr wie beim Straßenfahrzeug besteht.

Gegenüber dem Starrflügler besteht ein weiterer ganz entscheidender Vorteil in der Möglichkeit der Autorotationslandung. Der Hubschrauber ist in der Lage, bei Ausfall der Motorenkraft durch Übergang in den Autorotationszustand eine gezielte Landung gefahrlos vorzunehmen, und zwar in einem Bereich, dessen Größe von der jeweiligen Flughöhe abhängig ist. Hierzu vermindert der Pilot den Anstellwinkel der Rotorblätter auf etwa 4°, wodurch bei normaler Vorwärtsfahrt der Hubschrauber schon nach kurzem Durchsacken in den Autorotationsgleitflug übergeht. Dabei wird die Rotordrehung durch den Fahrtwind aufrechterhalten. Die Mindestflughöhe, aus welcher sich das Manöver noch gefahrlos durchführen läßt, beträgt etwa 25 m. Verfügt der Hubschrauber bei Ausfall der Antriebskraft dagegen nur über geringe oder gar keine Horizontalgeschwindigkeit, so können allerdings bis zu 90 m Höhe erforderlich sein, um einen genügend flachen Gleitflug herbeizuführen, da im senkrechten Autorotationsflug zu große Sinkgeschwindigkeiten auftreten würden.

Der Hubschrauber hat mithin Flugeigenschaften, die hinsichtlich der Sicherheitsforderung nach der konstruktiven Seite größere Erwartungen rechtfertigen als sie das Starrflügelflugzeug je erfüllen kann.

Die von der Betriebsorganisation zu schaffende Sicherung gegen Kollision der Transporteinheiten untereinander wird man nicht anders als im bisherigen planmäßigen Luftverkehr erzielen können. Eine gut durchorganisierte Betriebsführung muß dem Hubschrauber Luftstraßen vorschreiben, auf denen er sich ungefährdet durch andere Hubschrauber und Starrflügelflugzeuge bewegen kann. Es ist Utopie anzunehmen, daß der Hubschrauber bei zunehmendem Einsatz vermöge seiner Manövrierfähigkeit lediglich „auf Sicht" beliebig durch die Luft fliegen könne; dazu ist der Luftraum schon zu stark belegt. Man denke nur daran, welche außerordentliche Freizügigkeit das Kraftfahrzeug bietet, wenn man es nur als technische Konstruktion, als Einzelerscheinung betrachtet, und welche noch stets wachsenden einschneidenden Beschränkungen es inzwischen lediglich durch die große Anzahl hat hinnehmen müssen. Ähnliche Einschränkungen werden auch beim Hubschrauber eintreten, wenn er als planmäßiges Verkehrsmittel in größerer Dichte eingesetzt sein wird und damit das Moment der gegenseitigen Gefährdung infolge schlechter Sicht Bedeutung erlangt. Ein planmäßiger Verkehr soll ja durch die Wetterlage möglichst wenig beeinflußt werden; ein Hubschrauberverkehr, der nur bei günstigem Wetter funktioniert, könnte keineswegs als befriedigend angesehen werden. Seine Behinderung durch Schlechtwetter wird zunächst ohnehin stärker als beim Starrflügler sein, weil das tiefere Eindringen in die bebauten Gebiete größere Gefahren in sich birgt.

Der Hubschrauber wird mit seiner Manövrierfähigkeit also nicht die völlige Freiheit in der Luft erkaufen können. Aber er wird in der Lage sein, den vorgeschriebenen Luftstraßen mit größter Sicherheit zu folgen sowie Start- und Landegelegenheiten auszunützen, die dem Starrflügler vorenthalten sind.

Die technischen Voraussetzungen für die Sicherung des Streckenfluges sind für Hubschrauber und Starrflügler gleich zu beurteilen.

IV. Die Elemente der Leistungsfähigkeit

1. Allgemeine Begriffsbestimmungen

Die Leistungsfähigkeit einer Transporteinheit wird definiert als das Verhältnis zwischen Platzangebot bzw. Ladefähigkeit und Eigengewicht. Sie wurde bereits bei der Betrachtung des technischen Standes der Entwicklung behandelt. Daneben gibt die Leistungsfähigkeit einer Verkehrslinie (Streckenleistung) an, wieviel Personen bzw. Tonnen Güter je Zeiteinheit bei bester Ausnutzung des Verkehrsmittels, das heißt also bei kürzest möglicher Folge der Transporteinheiten und bei deren voller Auslastung, einen Punkt der Linie passieren. Die Leistungsfähigkeit kann durch das Potential der Stationen beeinflußt werden; Stations- und Streckenleistung müssen daher harmonisch aufeinander abgestimmt sein.

Auf den Luftverkehr lassen sich diese herkömmlichen Begriffe nicht ohne weiteres anwenden. Trotz der Luftstraßen ist die „Strecke" wegen Verfügbarkeit der dritten Dimension, jedenfalls noch auf absehbare Zeit, nicht voll ausgenutzt. Es sind hier lediglich die „Stationen", die Flughäfen, welche mit ihren Start- und Landekapazitäten dem Betrieb Grenzen auferlegen. Da der Gestaltung von Hubschrauberflughäfen ein besonderer Beitrag von C. E. Gerlach gewidmet ist, wird die damit eng verknüpfte Frage der „Stationsleistung" dort behandelt.

Die Beschränkungen, welche sich für die Leistungsfähigkeit aus der baulichen Anlage der Flughäfen ergeben, lassen sich nicht auf die ausgehenden Fluglinien anrechnen oder anteilig umlegen. Wenn also beim Hubschrauber von Leistungsfähigkeit im verkehrswirtschaftlichen Sinne gesprochen wird, ist wie beim Starrflügler das Produkt aus Anzahl der Personen bzw. Tonnen Güter und der Entfernung gemeint, die in der Zeiteinheit mit einem Flugapparat bewältigt werden können (Pkm/h bzw. tkm/h). Die Größe der Leistungsfähigkeit hängt somit von dem Sitzplatzangebot und der Reisegeschwindigkeit der verwendeten Baumuster ab. Mit welchen Platzangeboten beim Hubschrauber zu rechnen ist, wurde bereits behandelt. Beispiele hierfür verzeichnet Tab. 1.

Den Verkehrsnutzer interessiert hinsichtlich der Leistungsfähigkeit jedoch in erster Linie die Reisezeit und damit die Geschwindigkeit. Diesbezüglich gibt Tab. 1 allerdings nur Aufschluß über die Strecken- und Höchstgeschwindigkeiten, die als Angaben der Herstellerwerke Bestwerte darstellen und für verkehrswirtschaftliche Betrachtungen nicht ohne weiteres übernommen werden können. Die Reisegeschwindigkeit ergibt sich nicht nur aus der anwendbaren Fluggeschwindigkeit, sondern sehr wesentlich auch aus der Art der Betriebsführung. Diese wiederum hängt einmal von den Forderungen des Verkehrsbedarfs ab und drückt sich im Abstand und damit in der Anzahl der Zwischenhalte sowie deren Dauer aus, zum zweiten ist sie eine Funktion der flugtechnischen Notwendigkeiten, wie der Flughöhe und Aufenthaltsdauer aus Betriebsgründen.

2. Analyse des Flugvorganges und der Flugzeit beim Hubschrauber

Es ist also unerläßlich, vor einem Vergleich der Leistungsfähigkeit des Hubschraubers mit anderen Verkehrsmitteln den Flugvorgang zu analysieren. Abb. 7 bringt nach Lefort[1] eine räumliche Darstellung des Weges, den ein Hubschrauber beim Aufstieg im allgemeinen nimmt. Sie basiert auf Versuchen der Firma Piasecki mit dem Muster PV 14. Nach dem Anlaufen des Rotors wird sich der Hubschrauber um einige Meter — hier 6 m — senkrecht in die Luft erheben, um unter Ausnutzung des etwa ein Drittel an Motorleistung sparenden „Bodeneffektes" an Höhe zu gewinnen. Dieser Bodeneffekt wird durch die Stauung der Luftmassen am Boden hervorgerufen, die der Rotor nach unten drückt. Er wirkt nur bei senkrechtem Aufstieg, da bei Schrägaufstieg das „Luftkissen" wegrutscht. Der Effekt ist wirksam etwa bis zu der Höhe, die dem Rotordurchmesser entspricht, gemessen vom Boden bis zur Rotorebene; das bedeutet für den PV 14 eine Aufstiegshöhe (vom Boden bis zur Unterkante Hubschrauber) von 6 m. Von da ab ist der Schrägaufstieg bedeutend energiesparender als die Beibehaltung der senkrechten Richtung.

Nach Abb. 7 beschreibt der Hubschrauber im Aufstieg eine Kurve, um sich innerhalb des Bereiches der „gefährlichen Höhe" noch über dem Platz und nicht etwa bereits über bebautem Gebiet zu befinden (vgl. Kap. III: Autorotationslandung).

---

[1] Lefort: Théorie et Pratique de L'Hélicoptère, Paris: Librairie Aéronautique, Editions Chiron 1949.

Abb. 7 kann jedoch nur als Beispiel angesehen werden. Im einzelnen werden die Aufstiegs- und Landebewegungen vom Baumuster, von der Flugplatzgestaltung und der umgebenden Bebauung abhängig sein.

Zur Bestimmung der jeweiligen Flugdauer zwischen zwei Halten wird im folgenden mit einem vereinfachten Schema gerechnet, wie es in Abb. 8 dargestellt ist. Den Bedingungen eines planmäßigen Hubschrauberverkehrs, bei welchen Störungen zu berücksichtigen sind, ist damit genügend entsprochen. Übrigens ergab eine Vergleichsrechnung, die nach den Angaben von Lefort und der vorliegenden Methode für 150 m Höhe und 150 km/h Horizontalgeschwindigkeit durchgeführt wurde, schon für die kurze Entfernung von 20 km nur einen Unterschied von 10 %. Und zwar ist die Flugzeit um diesen Betrag nach dem Schema von Abb. 8 länger und liegt damit auf der „sicheren" Seite. Die Differenz zwischen beiden Verfahren wird aber mit wachsender Flugweite kleiner.

Wegen des erhöhten Energieverbrauchs beim Aufstieg ist für diesen eine waagerechte Geschwindigkeitskomponente von nur $0.4\,V_h$ anzusetzen, wobei V_h die Horizontalgeschwindigkeit ist. In gleicher Weise ist beim Abstieg zu verfahren, um damit die erhöhte Vorsicht zu berücksichtigen, welche beim Anfliegen der Landeplätze geboten ist. Für die Steiggeschwindigkeit ist in der vertikalen Projektion 5 m/sek eingesetzt, ein Wert, der zur Zeit noch nicht von allen Mustern erreicht wird. Als Sinkgeschwindigkeit wurde aus Sicherheitsgründen nur 2,5 m/sek angenommen. Damit ergibt sich als Flugzeit T_f zwischen zwei Haltestationen nach Abb. 8:

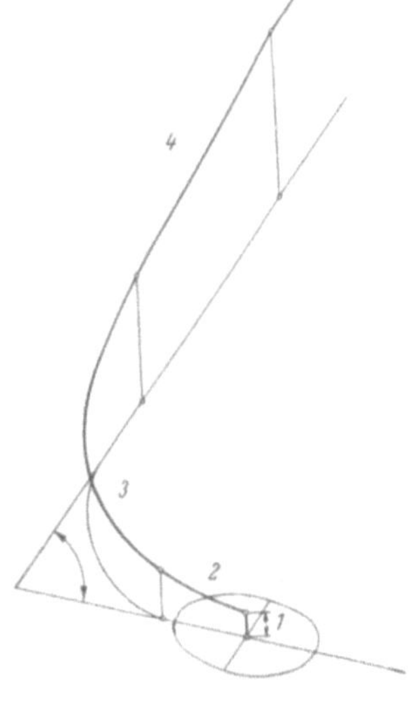

$$T_f = \frac{H}{v_{steig}} + \frac{H}{v_{sink}} + \frac{3,6\,L}{V_h} - \frac{0,4\,H}{v_{steig}} - \frac{0,4\,H}{v_{sink}} \;[\text{sek}]$$

$$\text{oder } T_f = \frac{3,6\,L}{V_h} + 0,6\,H\left(\frac{1}{v_{steig}} + \frac{1}{v_{sink}}\right)\;[\text{sek}]$$

Abb. 7. Analyse des Startvorgangs beim Hubschrauber

Hierin ist

H	Flughöhe in m,
V_h	Horizontalgeschwindigkeit in km/h,
v_{steig}	Steiggeschwindigkeit in m/sek,
v_{sink}	Sinkgeschwindigkeit in m/sek,
L	der horizontal gemessene Abstand der Haltestationen in m.

Nach diesem Ansatz ist für die Entfernung von 0 bis 350 km, als möglichen Bereich des Hubschraubers, zunächst die **Flugzeit ohne Zwischenlandung** für

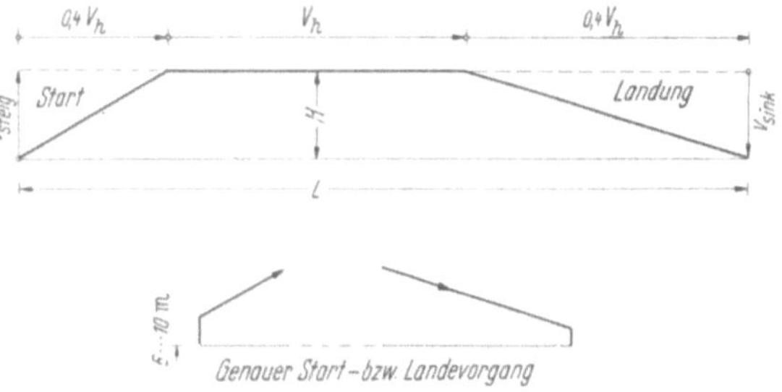

Abb. 8. Schematische Darstellung des Flugvorgangs zur Berechnung des Zeitaufwandes (Flugdauer).

H = 300, 400, 500, 700 und 1000 m Flughöhe sowie für V = 150, 175, 200 und 225 km/h Horizontalgeschwindigkeit errechnet worden und das Ergebnis in Abb. 9 dargestellt. Man erkennt, daß der Einfluß der Flughöhe auf die Flugzeit minimal ist, hingegen die Zeitdifferenz bei verschiedenen Horizontalgeschwindigkeiten sich bedeutend auswirkt.

3. Der Zeitfaktor des Hubschraubers im Vergleich mit anderen Verkehrsmitteln

Der hauptsächliche Anreiz, den alle Hubschrauberprojekte ausüben, liegt im Zeitgewinn, welchen man sich von seiner Benutzung gegenüber anderen, namentlich den Erdverkehrsmitteln, verspricht. Bevor diese Frage eingehend behandelt wird, müssen noch einige Vorbemerkungen gemacht werden.

a) Einfluß der Linienführung

Die Verkehrsmittel bedienen sich bei der Raumüberwindung unterschiedlicher Wege, die auch bei Bedienung der gleichen Orte verschieden lang sind. Während das Luftfahrzeug in der horizontalen Projektion mit genügender Annäherung die Luftlinie als kürzeste Verbindung wählen wird, ist die Linienführung von Straße und Eisenbahn in der Vertikalen im wesentlichen an die Erdoberfläche gebunden, in der Horizontalen jedoch durch Topographie und Bebauung gezwungen, mehr oder weniger stark von dieser kürzesten Verbindung abzuweichen. Man hat für deutsche Verhältnisse gegenüber dem Luftverkehrsweg durchschnittlich mit einem Verlängerungsfaktor von 1,10 bei der Straße und von 1,15 bei dem etwas weniger anpassungsfähigen Schienenweg der Eisenbahn zu rechnen. Hierauf ist in Abb. 10 bis 21 durch den dreifachen Längenmaßstab Rücksicht genommen. Die den Zeitwegelinien angeschriebenen Reisegeschwindigkeiten V_R sind wegabhängig und daher auf den jeweils zutreffenden Maßstab zu beziehen. Auf diese Weise sind die Kennlinien vergleichsfähig gemacht worden.

Schaltet man bei einem Flug Zwischenhalte ein, so verwandelt sich die Flugroute in einen mehr oder minder gestreckten Polygonzug. Die Frage, inwieweit dieser von der Luftlinie abweicht, ist von geringer Bedeutung, da beim Vergleich der Verkehrsmittel nur die relativen Werte von zurückgelegtem Weg und verbrauchter Zeit interessant sind.

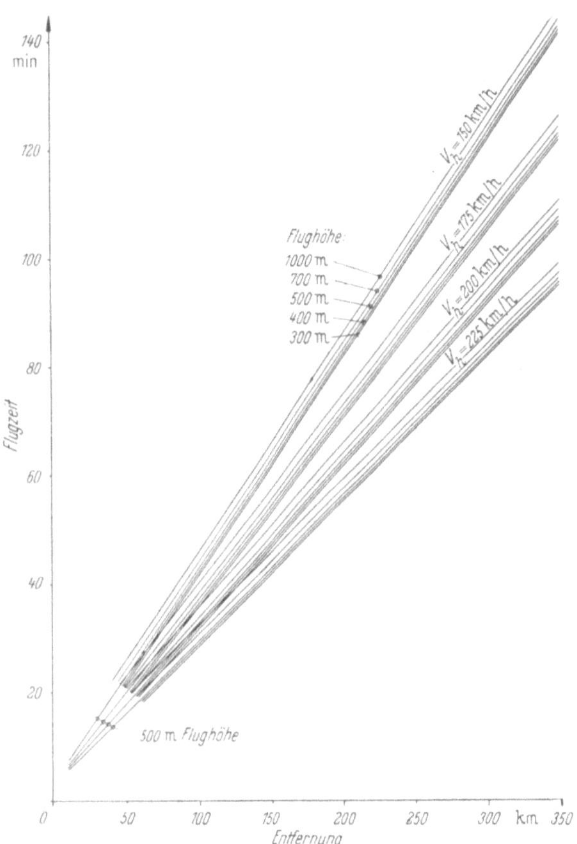

Abb. 9. Flugzeit für verschiedene Flughöhen und Horizontalgeschwindigkeiten bis 350 km Entfernung ohne Zwischenlandung

b) Zeitaufwand für Zu- und Abgang nach Lage der Stationen

Die Berechnung der Reisezeit beginnt jeweils im Schwerpunkt des Verkehrsbedürfnisses, dem „Stadtzentrum". Der Zeitverbrauch für Zu- und Abgang ist bei den hier betrachteten Verkehrsmitteln etwa gleich zu veranschlagen und kann daher unberücksichtigt bleiben. Auch der Pkw muß erst aus der Garage geholt werden und den Anmarschweg bis zur Hauptverkehrs- bzw. Ausfallstraße zurücklegen. Eine Ausnahme jedoch macht der Luftverkehr bisheriger Prägung. Die Flugplätze für Starrflügler lassen sich wegen ihres großen Raumbedarfs meist nur außerhalb der Städte anlegen. Der dadurch bedingte Mehraufwand für Zu- und Abgang zusammen beträgt im Bundesgebiet durchschnittlich eine Stunde. Diesem Umstand ist dadurch Rechnung getragen, daß die Zeitwegelinie des Starrflüglers erst bei der Ordinate 1,0 Stunden beginnt.

Da auch geprüft werden muß, welchen Verkehrswert der Hubschrauber in denjenigen Fällen hat, wo der Wunsch nach dem Landeplatz im Stadtzentrum versagt bleibt, sind im folgenden stets drei Möglichkeiten behandelt:

Landeplatz a) im Stadtzentrum,

    b) 5 km (= 0,25 Stunden) und

    c) 10 km (= 0,50 Stunden) vom Stadtzentrum entfernt.

Zur Berücksichtigung von Zu- und Abgang zusammen ist der Mehrbedarf an Zeit auf 0,5 Stunden bzw. 1,0 Stunden zu verdoppeln und die Zeitwegelinie bei diesen Ordinaten anzusetzen.

c) Flugzeit des Hubschraubers ohne Zwischenhalt

Zur Ermittlung der Wettbewerbsgrenzen hinsichtlich des Zeitfaktors gegenüber den anderen Verkehrsmitteln sind aus Abb. 9 die Extremwerte der Bündel gleicher Horizontalgeschwindigkeit V_h (150 und 225 km/h) und von diesen wiederum die beiden Randstrahlen für die Flughöhe, nämlich h = 300 und 1000 m eingesetzt. Diese Zeitwegelinien, wie sie sich in Abb. 10, 11 und 12 für die drei Lagen des Start- und Landeplatzes darstellen, ergeben jeweils die Zeitdauer einer Hubschrauberreise ohne Zwischenlandung, also etwa im Privat- oder Lufttaxiverkehr. Demgegenüber sind die öffentlichen Verkehrsmittel mit ihren Reisegeschwindigkeiten, also unter Berücksichtigung der üblichen Zwischenhalte, in das Bild eingefügt. Die hierfür verwendeten Werte sind in Tab. 5 verzeichnet. Die Angaben für die Eisenbahn entstammen der Bundesbahnstatistik von 1953; die mittlere Reisegeschwindigkeit des Starrflüglers für das Bundesgebiet wurde aus dem Flugplan 1954,

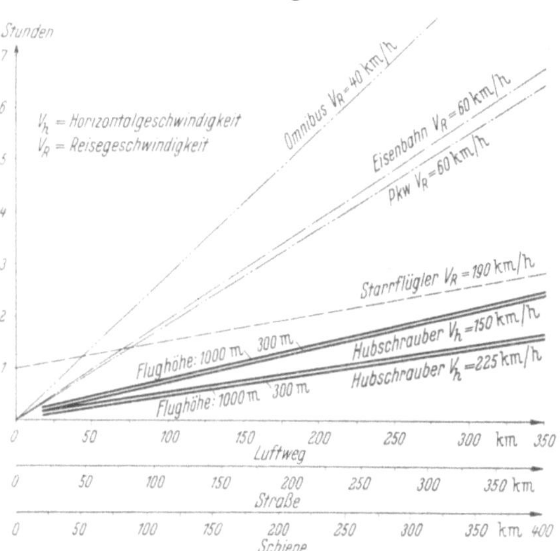

Abb. 10. Fall a: Start- und Landeplatz im Stadtzentrum

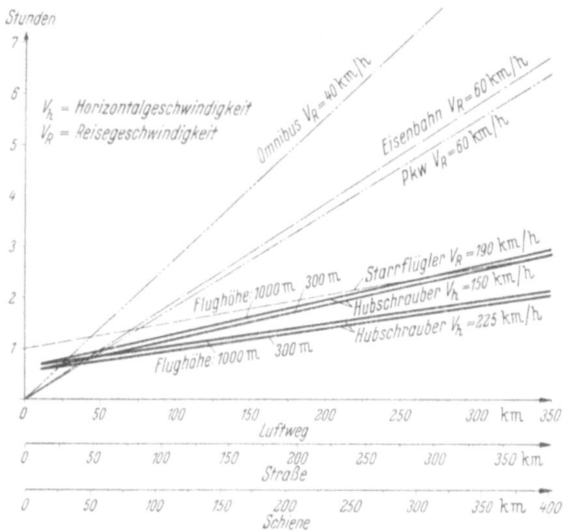

Abb. 11. Fall b: Start- und Landeplatz in 5 km Entfernung
vom Stadtzentrum

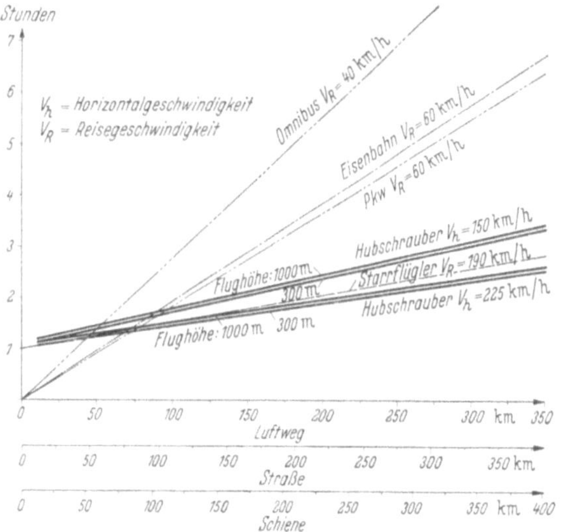

Abb. 12. Fall c: Start- und Landeplatz in 10 km Entfernung
vom Stadtzentrum.

Abb. 10—12. Wettbewerbsgrenzen zwischen Hubschrauber und anderen Verkehrsmitteln hinsichtlich Zeitfaktor.
Hubschrauber ohne Zwischenlandung.

der auch für Tab. 6 als Grundlage diente, errechnet und ergab unter Berücksichtigung der unterschiedlichen Flugroutenbelastung rund 190 km/h. Es muß jedoch darauf hingewiesen werden, daß diese Kurve nur unter Vorbehalt zum Vergleich herangezogen werden darf, da, wie bereits erwähnt, der Einfluß von Zwischenhalten auf die Reisegeschwindigkeit außerordentlich groß ist. Von 0 bis etwa 100 km Entfernung hat die Linie überhaupt nur theoretischen Wert, denn der mittlere Halteabstand des Starrflüglers beträgt nach Tab. 6 im Bundesgebiet 295 km, und die kürzeste Entfernung zwischen zwei planmäßig bedienten deutschen Flughäfen mißt 90 km (Hamburg—Bremen).

Tabelle 5. *Reisegeschwindigkeiten und Raumerschließung durch die Verkehrsmittel zu Lande und in der Luft im Nah- und Fernverkehr — Stand 1954*

Verkehrsraum und Verkehrsmittel	Reise-geschwin-digkeit km/h	Durchschnittlicher Abstand der Halte-stationen in km-Teilung der Verkehrslinie	Verkehrs-häufigkeit: Durchschnittl. Zahl der täglichen Halte je Haltestation	Zahl der Halte-stationen im Bundes-gebiet
1	2	3	4	5
I. Großstadtverkehr				
1. *Im Stadtzentrum*				
a) Radfahrer	12	—	—	—
b) Straßenbahn und Omnibus ...	12	0,4	960	.
c) Pkw	20	—	—	—
d) Stadtschnellbahn	24	0,6	480	.
2. *In den Außenbezirken*				
a) Radfahrer	15	—	—	—
b) Straßenbahn und Omnibus ...	20	0,5	320	.
c) Pkw	40	—	—	—
d) Stadtschnellbahn	30	0,8	320	.
e) Vorortbahn	40	2,0	160	.
II. Bezirksverkehr				
a) Omnibus (Bundes- oder Land-straße)	40	.	.	.
b) Pkw (Bundes- od. Landstraße)	60	—	—	—
c) Eisenbahn (Eilzug)	53	15,2	6,9[1]	1 029
d) Hubschrauber	60[2]	13[2]	.	.
III. Fernverkehr				
1. *Auf mittlere Entfernungen*[3]				
a) Omnibus (Bundes- oder Land-straße)	40	.	.	.
b) Pkw (Bundes- od. Landstraße)	60	—	—	—
c) Eisenbahn (D-Zug)	59	27,2	9,5[1]	367
d) Hubschrauber	87[2]	26[2]	.	.
2. *Auf größere Entfernungen*				
a) Omnibus (Autobahn)	50[4]	—	—	—
b) Pkw (Autobahn)	80	—	—	—
c) Eisenbahn (F-Zug)	75	69,9	6,5[1]	83
d) Hubschrauber	108[2]	61[2]	.	.
e) Starrflügler	190	295	11	10

[1] Die Anzahl der täglichen Halte bezieht sich nur auf die jeweils angegebene Zuggattung; da bei jeder Gattung ein anderer Kreis von Haltestationen betroffen ist, können diese Mittelwerte nicht einander zugeordnet werden. Jeder Kreis von Stationen weist eine größere Zahl an Halten von Zügen niedrigerer Gattungen auf.

[2] Rechnungsannahmen, siehe Text.

[3] Hier angenommen bis 225 km, gemessen in der Länge des Polygonzuges über die Haltestationen (Luftlinie zwischen den Haltestationen).

[4] Die Reisegeschwindigkeit des Omnibus auf der Autobahn wird durch die Zeitverluste infolge An- und Abfahrt zu den Stadtzentren bei Zwischenhalten herabgedrückt.

Die Zeitwegelinie des Starrflüglers mit $V_R = 190$ km/h deckt sich dabei ungefähr mit der Streckengeschwindigkeit eines kleinen privaten Starrflügelflugzeuges, so daß der Vergleich mit der 150 km/h-Linie eines Privathubschraubers in Abb. 10 eine überzeugende Aussage über den Zeitvorteil gibt, den ein etwa im Post- oder Fabrikhof startender bzw. landender Hubschrauber bieten kann. Abb. 11 weist aus, daß ein 5 km vom Stadtzentrum entfernt gelegener Landeplatz für den Hubschrauber nur mehr geringfügigen Zeitgewinn bringt, während Abb. 12 mit 10 km Entfernung die Überlegenheit des Starrflüglers verdeutlicht. Es muß noch darauf hingewiesen werden, daß die $V_h = 225$ km/h-Linie des Hubschraubers zur Zeit noch keinen realen Wert besitzt.

Tabelle 6. *Die Reisegeschwindigkeiten für Starrflügler im Bundesgebiet nach dem Flugplan 1954*
a) = Reisezeit in Minuten; — b) = Entfernung in km Luftlinie; — c) = Reisegeschwindigkeit in km/h; — d) = Anzahl der Flüge pro Woche.

nach:		Berlin	Hamburg	Düsseldorf	Hannover	Frankfurt	München	Nürnberg	Stuttgart	Bremen	Köln
von:											
Berlin	a)	—	72	108	71	108	147	110	193	—	110
	b)	—	240	480	250	400	485	370	550	—	480
	c)	—	200	268	212	222	198	202	172	—	262
	d)	—	33	27	46	47	35	7	27	—	13
Hamburg	a)	71	—	97	55	142	200	267	275	40	105
	b)	240	—	340	130	400	610	580	550	90	360
	c)	201	—	210	142	169	183	130	120	135	206
	d)	33	—	19	7	28	14	3	21	7	—
Düsseldorf	a)	103	75	—	—	58	129	290	117	75	—
	b)	480	340	—	—	180	480	350	320	250	—
	c)	280	272	—	—	186	224	73	164	164	—
	d)	27	18	—	—	14	8	1	18	7	—
Hannover	a)	66	60	80	—	90	305	187	270	40	—
	b)	250	130	240	—	270	570	450	420	100	—
	c)	225	130	180	—	180	112	145	96	150	—
	d)	46	7	—	—	7	7	—	7	6	—
Frankfurt	a)	99	136	58	85	—	91	65	51	110	—
	b)	400	400	180	270	—	300	180	150	430	—
	c)	242	176	187	191	—	198	166	177	235	—
	d)	47	21	15	7	—	29	5	37	7	—
München	a)	137	217	215	305	96	—	45	48	522	—
	b)	485	610	480	570	300	—	150	180	730	—
	c)	213	169	134	112	188	—	200	225	84	—
	d)	35	24	15	7	29	—	11	18	7	—
Nürnberg	a)	105	280	203	205	65	45	—	55	280	—
	b)	370	580	350	450	180	150	—	150	610	—
	c)	212	125	104	132	166	200	—	164	131	—
	d)	7	1	3	—	3	10	—	6	—	—
Stuttgart	a)	195	217	117	270	51	48	50	—	285	—
	b)	550	550	320	420	150	180	150	—	570	—
	c)	170	152	164	94	177	225	180	—	120	—
	d)	26	28	16	7	37	15	6	—	7	—
Bremen	a)	—	40	80	40	175	383	275	275	—	—
	b)	—	90	250	100	430	730	640	570	—	—
	c)	—	135	188	150	148	115	140	129	—	—
	d)	—	7	7	6	7	7	—	7	—	—
Köln	a)	90	100	—	—	—	—	—	—	—	—
	b)	480	360	—	—	—	—	—	—	—	—
	c)	320	216	—	—	—	—	—	—	—	—
	d)	13	—	—	—	—	—	—	—	—	—

Das gewogene Mittel der Reisegeschwindigkeit im Bundesgebiet beträgt rund 190 km/h.

d) Die Reisegeschwindigkeit des Hubschraubers mit Zwischenhalten

Ein größeres Interesse als im Privatverkehr beansprucht der Hubschrauber als öffentliches Verkehrsmittel. Es ist dabei zu untersuchen, welchen Einfluß die im öffentlichen Verkehr notwendigen Zwischenlandungen auf die Flugzeit und damit auf die Wettbewerbsgrenzen hinsichtlich des Zeitfaktors zu den übrigen Verkehrsmitteln haben.

Welche Halteabstände aber soll man annehmen? Hier bietet das öffentliche Verkehrsmittel Eisenbahn gute Hinweise. Nach Angaben der Deutschen Bundesbahn (Tab. 5) lag im Sommer 1953 der mittlere Halteabstand der Eilzüge bei 15,2 km, der D-Züge bei 27,2 km, der internationalen F-Züge bei 64,4 km und der innerdeutschen F-Züge bei 75,3 km. Führt man nun für den Hubschrauber eine den drei Zuggattungen analoge Bedienungsart mit den abgerundeten Halteabständen von 15, 30 und 70 km ein, so hat man diese Werte zuvor auf die jeweilige Flugliniendistanz zu reduzieren. Bei Anwendung des Verlängerungsfaktors für die Eisenbahn von 1,15 beträgt diese Entfernung 13 km für Eilzug-, 26 km für D-Zug- und 61 km für F-Zugbedienung.

Nicht übertragen lassen sich jedoch die Haltezeiten vom Eisenbahnverkehr auf den Hubschrauber. Die Verhältnisse liegen zu verschieden: Der Eisenbahnreisende kann sich z. B. gefahrlos an der Bahnsteigkante schon vor Einfahrt des Zuges aufstellen und wird in jedem Fall eine Tür erreicht haben, bevor das Aussteigen völlig beendet ist. Der Fluggast darf sich aber dem Hubschrauber erst nähern, wenn dieser gelandet ist und vom Bedienungspersonal die Treppen hergerichtet

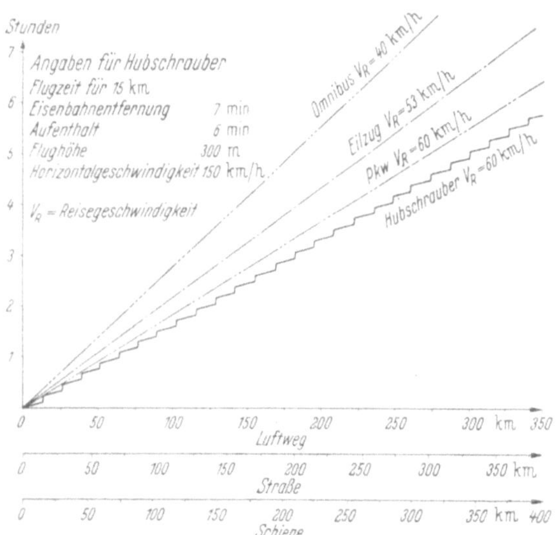

Abb. 13. Fall a: Start- und Landeplatz im Stadtzentrum

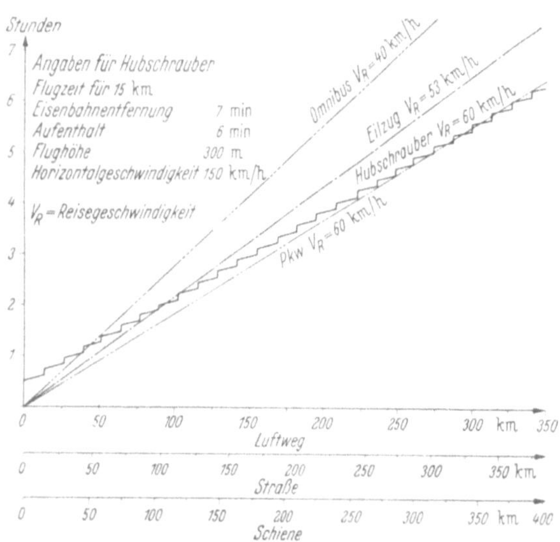

Abb. 14. Fall b: Start- und Landeplatz in 5 km Entfernung
vom Stadtzentrum

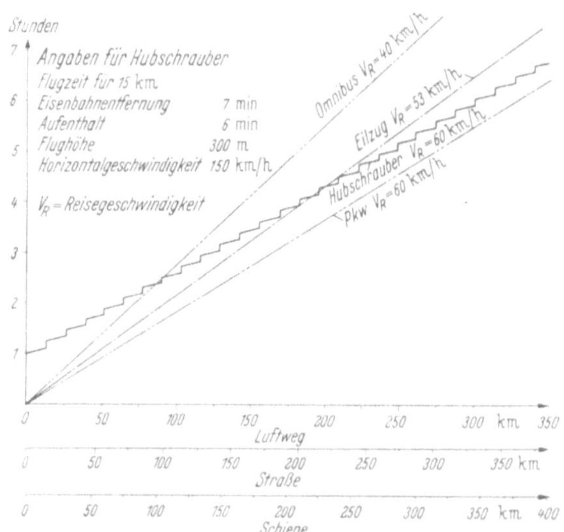

Abb. 15. Fall c: Start und Landeplatz in 10 km Entfernung
vom Stadtzentrum

Abb. 13—15. Wettbewerbsgrenzen zwischen Hubschrauber und anderen Verkehrsmitteln hinsichtlich Zeitfaktor.
Hubschrauber mit Zwischenlandung im Abstand der Eilzughalte.

und die Türen geöffnet sind. In Anlehnung an amerikanische Erfahrungen werden für die beiden geringeren Halteabstände 6 Minuten und für die F-Zugdistanz 8 Minuten Aufenthaltszeit für eine Zwischenlandung zugrunde gelegt.

Um die Zeitwegelinien eines planmäßigen Hubschrauberverkehrs konstruieren zu können, ist es nötig, sich auf eine bestimmte Flughöhe und Horizontalgeschwindigkeit festzulegen.

Bezüglich der Flughöhe kommt der Bereich in Frage, welcher unter dem des Starrflügelflugzeugs, aber über jenem liegt, den die Forderung nach Sicherheit gegen Kollisionen mit der „erdgebundenen Welt" und gegen ihre Belästigung ausschließt. Diesem Verlangen wird mit einer Flughöhe von 300 m genügend Rechnung getragen[1]. Im übrigen wurde schon oben festgestellt, daß Höhenabweichungen von nur geringem Einfluß auf die Flugzeit sind.

Wichtiger dagegen ist die Horizontalgeschwindigkeit, welche mit 150 km/h festgesetzt, in den derzeitigen Anfängen des planmäßigen Hubschrauberverkehrs zwar noch nicht erreicht, aber, wie ein Blick auf Tab. 1 lehrt, in nicht allzu ferner Zukunft erfüllt werden wird.

Unter diesen Voraussetzungen sind in Abb. 13 bis 21 die Zeitwegelinien des Hubschraubers für die drei erwähnten Halteabstände und die drei charakteristischen Lagen des Hubschrauberplatzes zum Stadtzentrum konstruiert worden. Die Linien verlaufen unter Darstellung der Zwischenhalte treppenförmig. Die jeweils den Kurven angeschriebene Reisegeschwindigkeit V_R ergibt sich aus der Mittelachse der Treppenstufen.

Die Linien für die übrigen Verkehrsmittel sind sogleich mit ihren mittleren Reisege-

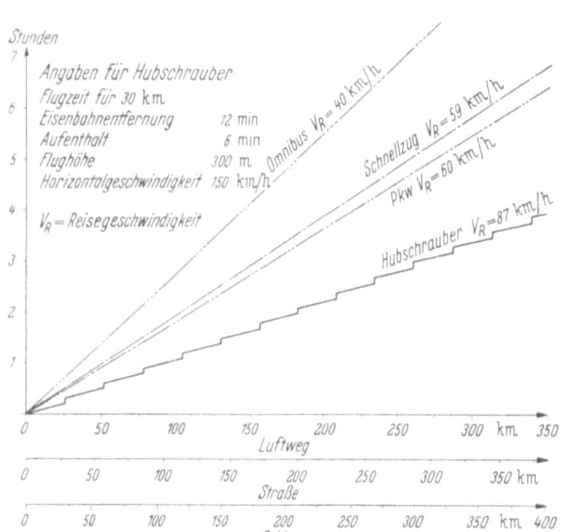

Abb. 16. Fall a: Start- und Landeplatz im Stadtzentrum

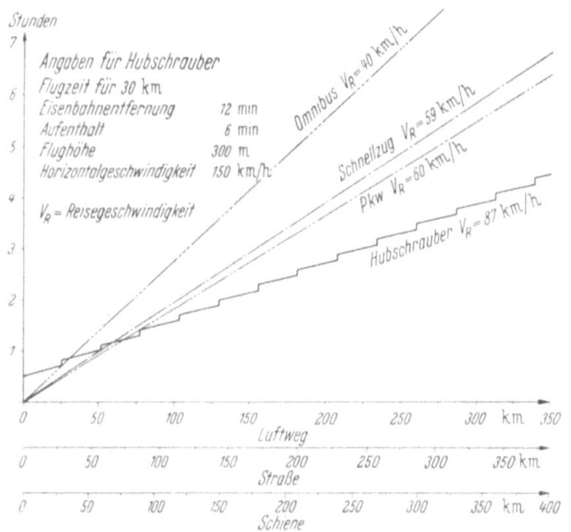

Abb. 17. Fall b: Start- und Landeplatz in 5 km Entfernung vom Stadtzentrum

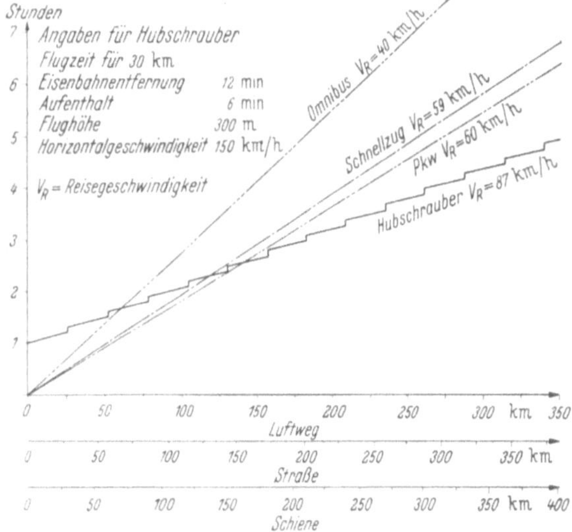

Abb. 18. Fall c: Start- und Landeplatz in 10 km Entfernung vom Stadtzentrum

Abb. 16—18. Wettbewerbsgrenzen zwischen Hubschrauber und anderen Verkehrsmitteln hinsichtlich Zeitfaktor. Hubschrauber mit Zwischenlandung im Abstand der Schnellzughalte.

schwindigkeiten ohne Darstellung der Zwischenhalte eingesetzt. Hierfür wurde der Tab. 5 jeweils diejenige Geschwindigkeit entnommen, welche sinngemäß zum angewandten Haltestellen-

---

[1] Achtnich: Zur Haftung für Lärmeinwirkungen durch den Luftverkehr. Zeitschrift für Luftrecht H. 3/1954. Verordnung über Luftverkehrsregeln für das Gebiet der Bundesrepublik Deutschland vom 4. 6. 1953, herausgegeben von der Bundesanstalt für Flugsicherung, Frankfurt/M.

abstand paßt, und zwar im Straßenverkehr analog zur Eil- und D-Zugbedienung die Geschwindigkeit für Bundes- und Landstraßen, analog zur F-Zugbedienung die Geschwindigkeit für Autobahnen.

c) Reisezeitvergleich der Verkehrsmittel

Abb. 13 bis 21 bringen durch Anwendung der drei Haltdistanzen derart verschiedene Ergebnisse, daß man sich vor Betrachtung von Zeitgewinn und Zeitverlust des Hubschrau-

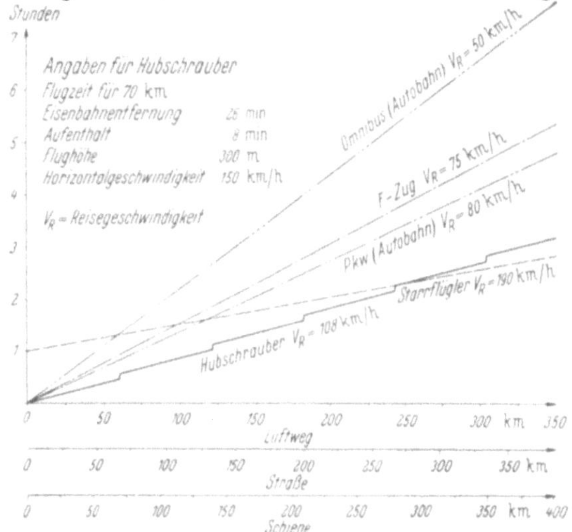

Abb. 19. Fall a: Start- und Landeplatz im Stadtzentrum

bers gegenüber den übrigen Verkehrsmitteln fragen muß, nach welchen Gesichtspunkten der jeweils zutreffende Halteabstand gefunden wird. Die Wahl der Benutzung von Eil-, D- bzw. F-Zügen dürfte für den Geschäftsreisenden im wesentlichen von der Reiseweite abhängig sein. Die Grenzen zwischen Eil- und D-Zug-Benutzung werden hier im Bereich von 100 bis 150 km, diejenigen zwischen D- und F-Zug im Bereich von 200 bis 250 km Luftlinie angenommen. Selbstverständlich wird man bei der Behandlung von Einzelfällen je nach örtlichen Bedingungen und zeitlicher Lage des Verkehrsangebots (Fahrplan) zu voneinander abweichenden Ergebnissen kommen. Wichtiger und für die grundsätzliche Untersuchung ausreichend ist, daß die Verkehrsmittel jeweils unter denselben Bedingungen

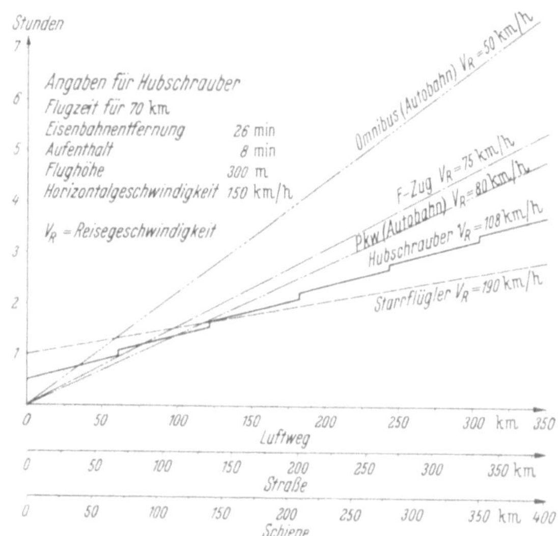

Abb. 20. Fall b: Start- und Landeplatz in 5 km Entfernung
vom Stadtzentrum

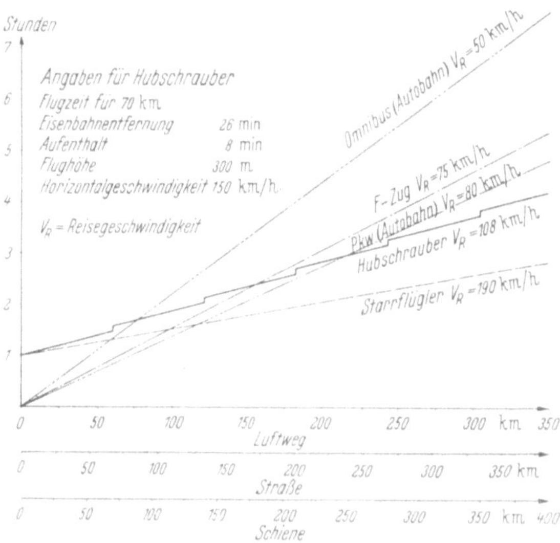

Abb. 21. Fall c: Start- und Landeplatz in 10 km Entfernung
vom Stadtzentrum

Abb. 19—21. Wettbewerbsgrenzen zwischen Hubschrauber und anderen Verkehrsmitteln hinsichtlich Zeitfaktor.
Hubschrauber mit Zwischenlandung im Abstand der Fernschnellzughalte

verglichen werden. Verschiebungen der Distanzgrenzen sinnvollen Ausmaßes bringen keine wesentlichen Abweichungen. Diese Überlegungen bedeuten also, daß Abb. 13 bis 15 etwa für 0 bis 125 km Entfernung Gültigkeit besitzen, während Abb. 16 bis 18 den Bereich von 125 bis 225 km Entfernung charakterisieren und schließlich darüber hinaus die Verhältnisse von Abb. 19 bis 21 als zutreffend angesehen werden können. Zum Vergleich mit dem Starrflügler wird man sinngemäß nur die Ergebnisse von Abb. 19 bis 21, also den Hubschrauber mit F-Zugcharakteristik heranziehen, um der Forderung nach einander entsprechenden Bedingungen gerecht zu werden.

Der nach diesen Gesichtspunkten ermittelte Zeitgewinn oder -verlust bei Benutzung des Hubschraubers gegenüber den anderen Verkehrsmitteln ist in Abb. 22 bis 25 in Abhängig-

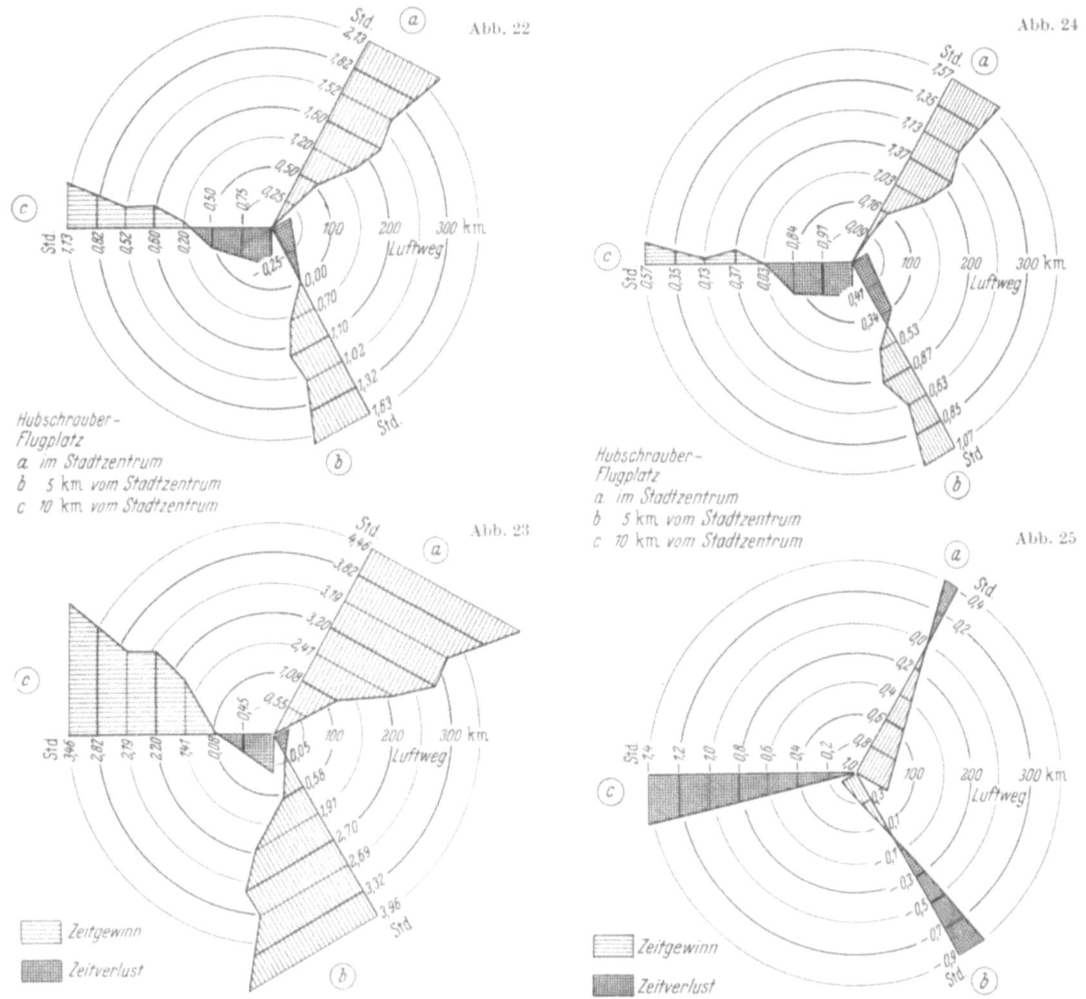

Abb. 22. Zone u. Maß des Zeitvorsprungs Hubschrauber – Eisenbahn

Abb. 23. Zone u. Maß des Zeitvorsprungs Hubschrauber – Omnibus

Abb. 24. Zone und Maß des Zeitvorsprungs Hubschrauber – Pkw

Abb. 25. Zone u. Maß des Zeitvorsprungs Hubschrauber – Starrflügler

keit von der Reiseweite dargestellt, und zwar wiederum für die drei Lagen des Hubschrauberplatzes, im Stadtzentrum, in 5 km und in 10 km Entfernung. Deutlich erkennt man im Vergleich mit den Erdverkehrsmitteln bei den Abseitslagen (Abb. 22 bis 24) die Vorbelastung des Hubschraubers durch den Zeitverlust von 0,5 bzw. 1,0 Stunden im Nullpunkt der Darstellungen (Flugweite = 0 km). Umgekehrt weist der Hubschrauber beim Vergleich mit dem Starrflügler (Abb. 25) in der Stadtzentrumslage des Hubschrauberplatzes einen Vorsprung von 1,0 Stunden auf.

Die Abbildungen zeigen, daß der Hubschrauber gegenüber den Erdverkehrsmitteln auf alle Entfernungen dann zeitlich im Vorteil ist, wenn sein Start- und Landeplatz im Stadtzentrum liegt. Ein wesentlicher Zeitvorsprung beginnt sich jedoch erst in der Entfernungszone 100 bis 150 km bemerkbar zu machen. Bereits 5 km Entfernung vom Stadtzentrum zum Landeplatz wirken sich jedoch so ungünstig auf den Hubschrauber aus, daß erst im Bereich von über 100 km überhaupt ein Zeitvorsprung zu verzeichnen ist.

Muß der Hubschrauber einen mehr als 10 km vom Stadtzentrum entfernt liegenden Landeplatz benutzen, so wird er vom Pkw und der Eisenbahn bis zu 150 km überflügelt, während auf weiteren Strecken der Vorsprung des Starrflüglers zur Geltung kommt. Man erkennt hieraus, daß ein Hubschrauber nicht mehr wettbewerbsfähig ist, sobald der Landeplatz 10 km außerhalb des Stadtzentrums liegt.

Die Unstetigkeiten in den Vorsprungskurven ergeben sich durch Anwendung der je nach Entfernungsbereich unterschiedlichen Reisegeschwindigkeiten. Nur in Abb. 25 ist für alle Entfernungen die Geschwindigkeit des Hubschraubers mit F-Zugcharakteristik verwendet worden.

f) Der grundsätzliche Zeitvorteil von Individualverkehrsmitteln

Ein Problem wurde bisher noch nicht gewürdigt, das im Vergleich des Zeitaufwandes zwischen öffentlichen und individuellen Verkehrsmitteln eine bedeutende Rolle spielt, also bei allen Untersuchungen im Zusammenhang mit dem Pkw zu beachten ist.

In den Betrachtungen über den Zeitfaktor wurde für alle Verkehrsmittel jeweils ein gleicher Zeitpunkt für den Beginn der Reise angenommen, beim Starrflügler unter Berücksichtigung des Zubringerdienstes. Während indessen bei den öffentlichen Verkehrsmitteln eine Wartezeit bis zur nächsten Verkehrsgelegenheit in Kauf genommen werden muß, steht der individuelle Pkw dem Benutzer sofort zur Verfügung, wenn er die Reise zu beginnen wünscht. Dieser Vorteil verliert zwar dadurch an Gewicht, daß beispielsweise ein Geschäftsmann seine Reise meist vorherplanen muß und deshalb die Dispositionen oft ohne Zeitverlust auf die Fahrgelegenheiten des öffentlichen Verkehrs einstellen kann, andrerseits kann auch die freie Verfügbarkeit des Pkw Beschränkungen unterliegen, z. B. wenn sich mehrere Firmenangehörige wechselweise eines Wagens zu bedienen haben.

Grundsätzlich aber besteht dieser Unterschied zwischen den öffentlichen und Individual-Verkehrsmitteln und muß in die Rechnung einbezogen werden, zumal der Hubschrauber hier überwiegend bezüglich seiner Eigenschaften als öffentliches Verkehrsmittel behandelt wird und der kleine Privathubschrauber im Vergleich mit dem Pkw wegen zu hoher Betriebskosten bei diesen Erwägungen ausscheidet.

Der Zeitaufwand für eine Reise besteht also aus der reinen Reisezeit und der Zeit des Wartens auf die nächste Verkehrsgelegenheit. Diese Wartezeit ist nicht zu verwechseln mit dem Zeitraum, welcher üblicherweise zwischen Ankunft auf der Station (Bahnhof, Flugplatz) und tatsächlicher Abreise liegt, denn dieser ist nur ein Zeitpuffer. Die hier gemeinte Wartezeit ist die Spanne zwischen der gewünschten und der fahrplanmäßigen Abfahrtszeit.

Trifft man die Annahme, daß jeweils zwischen zwei Verkehrsgelegenheiten alle hierfür auftretenden Reisewünsche sich zeitlich gleichmäßig verteilen, so beträgt die mittlere Wartezeit die Hälfte der Zeit, in welcher die Abfahrten bzw. Abflüge aufeinander folgen. Verallgemeinert kann man sagen: die durchschnittliche Wartezeit W ist halb so lang wie die mittlere Folgezeit F der Reisegelegenheiten für die betreffende Verkehrsrelation.

$$W = \frac{1}{2}\,F$$

Der Gesamtzeitaufwand $T_\ddot{o}$ für eine Reise im öffentlichen Verkehrsmittel setzt sich also zusammen aus der reinen Reisezeit $R_\ddot{o}$ und der Wartezeit $W_\ddot{o}$:

$$T_\ddot{o} = R_\ddot{o} + W_\ddot{o} = R_\ddot{o} + \frac{1}{2}\,F$$

Da beim individuellen Verkehrsmittel, hier Pkw, $W_i = 0$ ist, muß das öffentliche Verkehrsmittel, in unserer Betrachtung der Hubschrauber, folgende Bedingung erfüllen, wenn es seinen Zeitvorsprung erhalten will:

$$T_\ddot{o} < T_i \quad \text{oder}$$
$$R_\ddot{o} + W_\ddot{o} < R_i \quad \text{oder}$$
$$R_\ddot{o} + \frac{1}{2} F < R_i$$

und damit die durchschnittliche Folgezeit:

$$F < 2 \, (\, R_i - R_\ddot{o} \,)$$

Da aber $R_i - R_\ddot{o}$ im Vergleich Hubschranber Pkw der Zeitgewinn gemäß Abb. 24 ist, muß die Folgezeit der Abflüge im Mittel kürzer sein das Zweifache des jeweiligen Zeitgewinnes, wenn dieser uicht verloren gehen soll.

Endgültige Schlüsse über den Verkehrswert des Hubschraubers können aus diesem Zeitvergleich allein jedoch noch nicht gezogen werden, denn für die Wahl eines Verkehrsmittel sind nicht nur die Faktoren der Sicherheit und des Zeitvorsprungs entscheidend, sondern neben der Bequemlichkeit und persönlichen Einstellung vor allem die Kosten, wovon das folgende Kapitel handelt.

V. Die Elemente der Wirtschaftlichkeit

Es ist zu erwarten, daß die besonderen Fähigkeiten des Hubschraubers hinsichtlich Schnelligkeit und Manövrierfähigkeit durch entsprechende Kosten erkauft werden müssen.

Daß die Erdverkehrsmittel bezüglich ihrer Betriebskosten erheblich günstiger liegen, bedarf keiner Erläuterung. Wie aber liegen die Verhältnisse im Vergleich zwischen Hubschrauber und Starrflügler? Hier gibt Tab. 7 Aufschluß, mit welchen Selbstkostenpositionen im Hubschrauberverkehr zu rechnen ist, getrennt nach den von der Flugleistung unabhängigen „festen" und den abhängigen „veränderlichen" Kosten. Um eine gute Vergleichsmöglichkeit zu erzielen, wurden die Kosten der gegenübergestellten Baumuster auf das „angebotene Platzkilometer", also unabhängig von der Auslastung, bezogen. Zur Bildung der Festkostenanteile je angebotenes Platzkilometer ist eine jährliche Flugleistung von 1600 Stunden für die Muster S 55 und PD 22 sowie von 1800 Stunden für S 56 und H 40 zugrunde gelegt worden. Der mögliche Beschäftigungsgrad der Hubschrauber beträgt nur etwa zwei Drittel desjenigen der Starrflügelflugzeuge. Es ist jedoch denkbar, daß sich durch Ausreifung der Konstruktionen in den nächsten Jahren auch für den Hubschrauber etwas höhere Flugleistungen und damit eine Senkung der festen Kostenanteile erreichen lassen.

Die Zahlenangaben von Tab. 7 sind auf Grund amerikanischer Erfahrungen zusammengestellt, wobei die in Deutschland höheren Kosten für Treibstoffe und die niedrigeren Personalkosten entsprechend berücksichtigt wurden. Der dreisitzige Bell-Hubschrauber ist nur für Individualverkehr brauchbar und daher in der Selbstkostenanalyse nicht aufgeführt worden. Die zum Vergleich nach derselben Kostengliederung beigegebenen Starrflüglerwerte ergeben sich nach der ICAO-Statistik von 1952 aus den tatsächlichen Leistungen (Ausnutzungsgrad der Flugapparate) einiger im Mittelstreckenverkehr tätiger Luftverkehrsgesellschaften (BEA, SAS, KLM).

Tab. 7 läßt erkennen, daß die Wirtschaftlichkeit des Hubschraubers mit seiner Größe, allerdings unter gewissen Streuungen, wächst. Jedoch kann der 40-Platz-Hubschrauber mit 25,32 Dpf je angebotenes Platzkilometer noch nicht im entferntesten mit dem Starrflügler-Mittelwert von 9,16 Dpf je Platzkilometer konkurrieren. Andrerseits läßt der prozentual niedrigere Anteil der festen Kosten bei den großen Hubschraubern von 31,9 bzw. 43,6% gegenüber 63,6% Festkostenanteil beim Starrflügler erfolgreiche Einsätze in einzelnen lohnenden Relationen erwarten.

Wie sehr die Selbstkosten für das angebotene Platzkilometer abhängig sind von der Ausnutzung des Fluggerätes, ausgedrückt durch geleistete Flugstunden pro Jahr, ist in

Tabelle 7. *Selbstkostenanalyse des Hubschraubers und des Starrflüglers je angebotenes Platzkilometer*

Kostenarten	Selbstkosten je angebotencs Platzkilometer									
	S 55 (10 Plätze)		Pd 22 (15 Plätze)		S 56 (30 Plätze)		H 40 (40 Plätze)		Starrflügler[1]	
	Dpf	%	Dpf	%	Dpf	%	Dpf	%	Dpf	%
1	2	3	4	5	6	7	8	9	10	11
I. Feste Kosten[2]										
1. Zinsen	0,58	2,0	0,39	1,5	0,32	1,2	0,44	1,7	0,08	0,9
2. Abschreibung										
a) Fluggerüst	6,20	21,1	5,28	20,3	2,35	8,7	3,25	12,8	0,56	6,1
b) Motoren	1,10	3,7	1,18	4,6	1,70	6,4	2,35	9,3		
3. Flugpersonal	1,00	3,4	0,43	1,7	0,30	1,1	0,20	0,8	0,81	8,8
4. Versicherung	5,00	17,0	4,28	16,5	2,40	8,9	3,40	13,4	0,17	1,9
5. Bodenbetrieb	0,90	3,1	0,86	3,3	0,70	2,6	0,66	2,6	1,50	16,4
6. Sonstiger Dienst	0,34	1,2	0,34	1,3	0,25	0,9	0,25	1,0	0,56	6,1
7. Werbung	0,10	0,3	0,10	0,4	0,10	0,4	0,10	0,4	1,42	15,5
8. Abschreibung der Bodeneinrichtung	0,05	0,2	0,05	0,2	0,04	0,2	0,04	0,2	—	—
9. Verwaltung	0,42	1,4	0,42	1,6	0,40	1,5	0,35	1,4	0,72	7,9
Summe der festen Kosten	15,69	53,4	13,33	51,4	8,56	31,9	11,04	43,6	5,82	63,6
II. Veränderliche Kosten										
1. Betriebsstoff	6,50	22,1	6,90	26,6	10,20	37,9	8,16	32,2	1,47	16,0
2. Unterhaltungskosten										
a) Fluggerüst u. Nebenteile	5,60	19,1	4,20	16,2	6,20	23,1	4,65	18,4	1,70	18,5
b) Triebwerk	1,10	3,7	0,80	3,1	1,32	4,9	0,95	3,7		
3. Fluggelder	0,50	1,7	0,70	2,7	0,60	2,2	0,52	2,1	0,17	1,9
Summe der veränderlichen Kosten	13,70	46,6	12,60	48,6	18,32	68,1	14,28	56,4	3,34	36,4
Gesamtsumme	29,39	100,0	25,93	100,0	26,88	100,0	25,32	100,0	9,16	100,0

[1] Durchschnittswerte im Mittelstreckenverkehr der BEA, SAS und KLM nach ICAO-Statistik 1952.

[2] Bezogen auf 1600 Flugstunden/Jahr bei S 55 und Pd 22; — 1800 Flugstunden/Jahr bei S 56 und H 40.

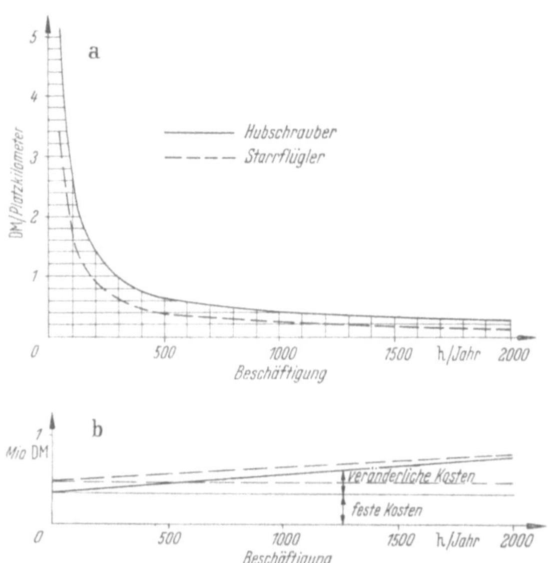

Abb. 26. Selbstkosten für Hubschrauber und Starrflügler mit 10 Plätzen (S 55 bzw. De Havilland DH 104 Dove).
a) Kosten je angebotenes Platzkilometer; b) Gesamtkosten im Jahr

Abb. 26 bis 29 in vergleichender Darstellung für Hubschrauber und Starrflügler gezeigt. Aus den Bildern geht hervor, daß der Starrflügler selbst ohne Berücksichtigung seines um etwa ein Drittel höheren Beschäftigungsgrades gegenüber dem Hubschrauber kostenmäßig außerordentlich im Vorsprung ist. Auch dann, wenn die auf Flugstunden bezogenen Gesamtjahreskosten des Starrflüglers höher sind als beim Hubschrauber, wie im Beispiel von Abb. 26, ist der Starrflügler je angebotenes Platzkilometer doch billiger, da er mit Hilfe seiner höheren Geschwindigkeit eine größere Strecke pro Flugstunde zurücklegt, also mehr Platzkilometer leistet.

Bisher war nur von den Selbstkosten die Rede, das heißt von dem finanziellen Aufwand des Flugunternehmers zur Durchführung des Flugbetriebs. Die Preisbildung oder Tarifgebarung dem Verkehrskunden gegen-

über ist aber nicht nur von der technisch und verkehrswirtschaftlich möglichen Beschäftigungs-
dauer der Flugapparate in Flugstunden pro Jahr abhängig, sondern sehr wesentlich von der
Ausnutzung der angebotenen Plätze. Außer-
dem richtet sich die Preisbildung nach den
bisher noch nicht berücksichtigten Anteilen
für Gewinn und Wagnis, Kosten für Reser-
vevorhaltung und gegebenenfalls vom Verkehrskunden zu entrichtenden Sonderab-
gaben wie Versicherungsgebühren und Beförderungssteuer. Im Mittelstreckenverkehr
erreicht die Luftfahrt zur Zeit einen Aus-
lastungsgrad von rund 65% (ICAO). Über-
nimmt man diesen Wert für die Tarifgestal-
tung des Hubschraubers, so wird man heute
mit einem Flugpreis von 50 Dpf je Pkm rechnen müssen. Es kann jedoch bei besserer Auslastung und vertrauend auf die technische
Weiterentwicklung eine Senkung der Betriebskosten erwartet werden, so daß ohne Subventionierung die Kosten für das Personenkilometer — das derzeitige Preisniveau
vorausgesetzt — im Jahre 1965 mit einer
Höhe von 40 Dpf[1] durchaus im Bereich der
Möglichkeiten liegt.

Diese Flugpreise sind in Tab. 8 den Flug-
oder Fahrpreisen der anderen Verkehrsmittel
bzw. bei Individualverkehr den mittleren

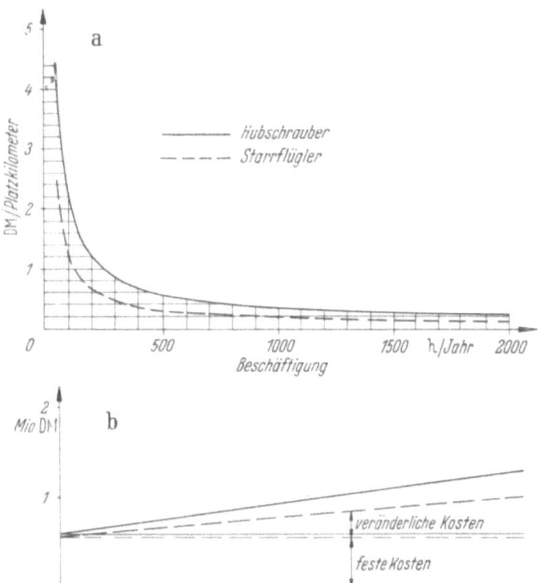

Abb. 27. Selbstkosten für Hubschrauber und Starrflügler mit
15 Plätzen (PD 22 bzw. De Havilland DH 114 Heron)
a) Kosten je angebotenes Platzkilometer
b) Gesamtkosten im Jahr

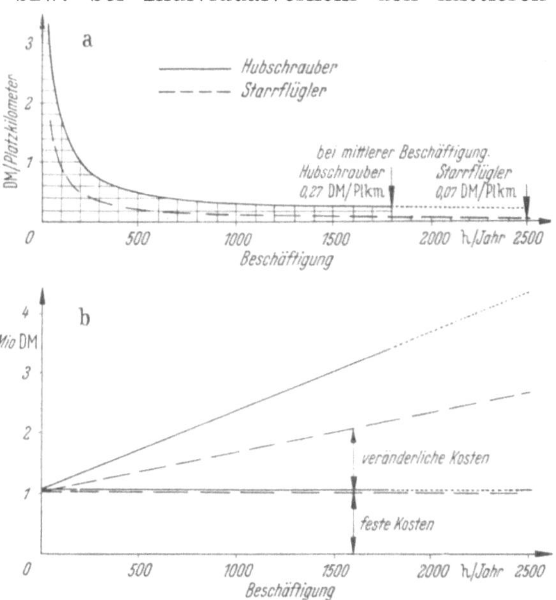

Abb. 28. Selbstkosten für Hubschrauber und Starrflügler mit
30 Plätzen (S 56 bzw. Fokker Friendship F 27)
a) Kosten je angebotenes Platzkilometer
b) Gesamtkosten im Jahr

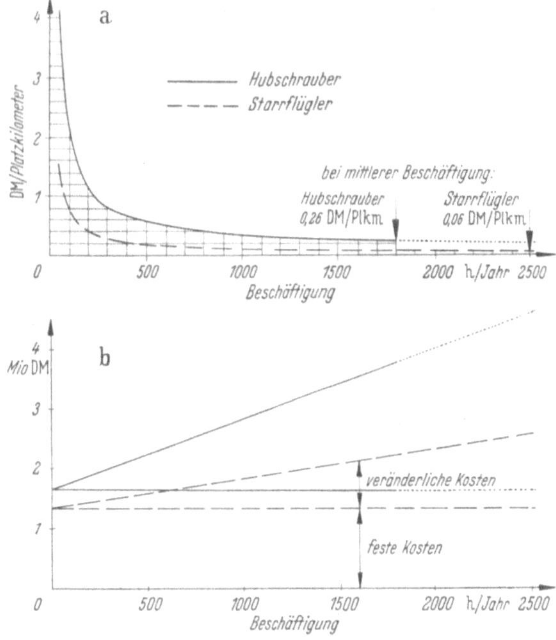

Abb. 29. Selbstkosten für Hubschrauber und Starrflügler mit
40 Plätzen (H 40 bzw. Convair 340)
a) Kosten je angebotenes Platzkilometer
b) Gesamtkosten im Jahr

[1] Das wäre das Doppelte, was die Sabena 1955 für ihren vom Transatlantikverkehr subventionierten Zubringerdienst fordert.

Tabelle 8. *Vergleich der durchschnittlichen Fahrpreise (abzügl. Beförderungssteuer) je Personenkilometer für die Verkehrsmittel zu Lande und in der Luft. Stand* **1954/55**

| | Fahrpreis | |
Verkehrsmittel	Dpf je Pkm Strecke	Dpf je Pkm Luftweg
1	2	3
A. Erdverkehrsmittel		
I. Nahverkehrszone der Großstadt		
1. Straßenbahn und Omnibus	4,3	—
2. Eisenbahn	2,7	—
3. Taxi (mittlere Auslastung 1,2 Fahrgäste)	64	—
II. Überland- und Fernverkehr		
1. Omnibus	4,1	4,51
2. Eisenbahn		
2. Klasse (einschließlich Zuschläge)[1]	9,1	10,5
3. Klasse (einschließlich Zuschläge)[1]	5,0	5,8
3. Pkw, Mietwagen (Auslastung mit 1,5 Personen) rd.	25	27,5
Pkw, eigen (Selbstkosten bei Auslastung mit 1,5 Pers.) rd.	20	22
B. Luftverkehrsmittel		
I. Nahverkehrszone		
1. Hubschrauber geschätzt	70	70
2. Starrflügel-Flugzeug	—	—
II. Überland- und Fernverkehr		
1. Hubschrauber (Auslastung 65%) geschätzt	50	50
für 1965 geschätzt	40	40
2. Starrflügler	24	24

[1] Altes Klassensystem.

Selbstkosten gegenübergestellt und gewähren zusammen mit den Erkenntnissen aus der in Kap. IV behandelten Leistungsfähigkeit einen wertvollen Maßstab für die Einsatzmöglichkeiten des Hubschraubers.

Da noch nicht zu übersehen ist, ob und in welcher Höhe der Hubschrauberverkehr mit einer Beförderungssteuer belastet wird, und da im übrigen die steuerliche Behandlung der einzelnen Verkehrsmittel teils dem Grundsatz nach, teils infolge bereits jahrelang bestehender Übergangs- oder Sonderregelungen sehr unterschiedlich ist, sind sämtliche Fahrpreise der Tab. 8 nach Abzug der Beförderungssteuer dargestellt. Diese Steuer beträgt, wo sie erhoben wird, zwischen 4 und 13% des Beförderungsentgeltes.

Für den Hubschrauber-Nahverkehr mit häufigen Zwischenhalten übersteigen die Selbstkosten die in Tab. 7 angegebenen Mittelwerte bedeutend; daher wurde der Nahverkehrspreis nach amerikanischen Schätzungen mit 70 Dpf je Pkm angenommen.

Bevor in Kap. VI die Folgerungen für den Verkehrswert des Hubschraubers gezogen werden, seien noch einige Worte bezüglich des Kostenfaktors über eine abweichende technische Entwicklung gesagt. Die in Tab. 7 vorliegende Kostenstruktur bezieht sich in allen vier Fällen auf Hubschrauber mit direkt vom Kolben- oder Turbomotor angetriebenen Drehflügeln. Das Bild würde sich jedoch bei Betrachtung des Düsenhubschraubers sehr erheblich verschieben: Diese genial einfache Konstruktion, bei der die Rotordrehung durch komprimiertes Gas (z. B. Preßluft) erzeugt wird, welches an den Blattenden durch Düsen ausströmt, braucht nur ein Drittel der Beschaffungskosten gleich großer Hubschrauber üblicher Bauart, da die hochwertige und komplizierte Kraftübertragungsanlage zum Rotor und die Heckschraube als Drehmomentenausgleich ganz entfällt. Ein weiterer Vorteil besteht darin, daß die Antriebsmaschine für den Kompressor als Gasturbine keiner hochwertigen Flugbenzine, sondern nur billiger Treibstoffe bedarf. Der Strahlhubschrauber wäre angesichts solcher Vorzüge sicher schon mehr eingeführt, wenn er nicht einen Nachteil besäße: Der Treibstoffverbrauch beträgt schon bei einem kleinen zweisitzigen Hubschrauber das Doppelte eines gleich großen Apparates üblicher Bauweise. Hierdurch geht entweder wertvolle Nutzlast zu Gunsten der Betriebszuladung verloren, oder die Reichweite muß entsprechend eingeschränkt werden.

Welches der beiden Hubschraubersysteme mit der sehr verschiedenen Kostenstruktur die Überlegenheit gewinnen bzw. behalten wird, oder ob sie sich gleichwertig nebeneinander entwickeln, kann heute noch nicht entschieden werden. Bei den Prognosen für die nächste Zukunft muß man sich jedoch auf den Boden der derzeitigen technischen und wissenschaftlichen Ergebnisse stellen und vom Hubschrauber mit mechanischer Kraftübertragung ausgehen.

VI. Der Verkehrswert und der voraussichtliche Umfang im Hubschrauberverkehr

Aus den gewonnenen Erkenntnissen ist nunmehr der voraussichtliche Einsatzbereich des neuen Verkehrsmittels zu bestimmen und aus der Analyse des Gesamtverkehrs derjenige Teil herauszuschälen, welcher auf den Hubschrauber entfallen wird. Außerdem muß die Frage der Gewinnung von Neuverkehr geklärt werden.

1. Der günstigste Entfernungsbereich des Hubschraubers

Die Wahl eines Verkehrsmittels wird, wie bereits erörtert, im wesentlichen durch die beiden Faktoren Zeit und Kosten beeinflußt. Wie der Hubschrauber im Vergleich mit den anderen Verkehrsmitteln hinsichtlich des Zeitfaktors liegt, zeigten schon Abb. 22 bis 25; bezüglich des Kostenfaktors für den Verkehrsnutzer gab Tab. 8 Aufschluß. Um den Entfernungsbereich einzugrenzen, in welchem der Hubschrauber Vorteile bieten kann, wurden die bisher gewonnenen Ergebnisse über Zeit und Kosten in Abb. 30 einander gegenübergestellt.

Wegen der in den einzelnen Entfernungsbereichen unterschiedlichen Vergleichsbedingungen (F-, D- oder E-Zugcharakteristik, s. S. 20) ist die Darstellung der unteren Grenze des Hubschraubers in Konkurrenz mit den Erdverkehrsmitteln von derjenigen der oberen Grenze im Vergleich mit dem Starrflügler getrennt vorgenommen worden. Die Zeitwegelinien von Abb. 13 bis 21 wurden in Abb. 30b abschnittsweise für den jeweils zutreffenden Entfernungsbereich eingetragen und die Grenzstellen durch Ausrundung überbrückt. Schon Abb. 22 bis 25 zeigten deutlich, daß die Anlage von Hubschrauberplätzen außerhalb der Stadtzentren mit einem Zeitmehrverbrauch von insgesamt einer Stunde für Zu- und Abgang keinerlei Vorteile bietet. Daher wurde bei den weiteren Betrachtungen davon ausgegangen, daß die Plätze im Stadtzentrum liegen oder höchstens mit 0,5 Stunden Mehrverbrauch (bis 5 km Entfernung) belastet sind, wie es in Abb. 30a und b eingezeichnet ist.

Stellt man die Erkenntnisse über den Zeitgewinn denen gegenüber, welche Abb. 30c über die Kostenunterschiede ausweist, so findet man in Abb. 30b wiederum die Gültigkeit des Gesetzes bestätigt, wonach sich der Zeitverbrauch umgekehrt verhält wie die Kosten[1]. Der billige langsame Omnibus und der teure schnelle Hubschrauber bilden jeweils den Rand der Kurvenfächer für Zeit und Kosten. In Abb. 30a allerdings folgt der Hubschrauber dieser Ordnung nur bedingt. Bei günstiger Landeplatzlage im Zentrum schneidet seine Zeitwegelinie die Kurve des billigeren Starrflüglers bei etwa 250 km Luftwegentfernung, um diesem von hier ab den Vorsprung zu überlassen. Daraus ergibt sich, daß der Hubschrauber auf Entfernungen über 250 km[2] auch keinen zeitlichen Anreiz mehr ausübt. Damit ist die obere Grenze seines Wirkungsbereiches gefunden.

---

[1] Pirath, C.: Das Raumzeitsystem der Siedlungen, Stuttgart: K. Wittwer 1947.
[2] Entspricht etwa 275 km Straßen- und 290 km Eisenbahnentfernung.

Wie aber liegt der Hubschrauber im Vergleich mit den erdgebundenen Verkehrsmitteln? Je nach Lage des Landeplatzes ist im unteren Entfernungsbereich gegenüber den schnellen Erdverkehrsmitteln teils ein geringfügiger Zeitgewinn, teils ein ebensolcher Zeitverlust vorhanden. Berücksichtigt man dagegen die Kostenkurve, so ergibt sich, daß der Hubschrauber hier stark benachteiligt und wegen mangelnden Ausgleichs durch den Zeitfaktor für den unteren Entfernungsbereich nicht konkurrenzfähig ist. Ein Zeitvorsprung, der die hohen Kosten rechtfertigen könnte, beginnt sich erst um 100 km abzuzeichnen. Damit ist die untere Grenze für den Einsatzbereich des Hubschrauberverkehrs gegeben.

Eine weitere Folgerung ist, daß der Hubschrauber mit Eilzugcharakteristik und 13 km mittlerem Halteabstand kaum Existenzberechtigung hat. Dies schließt natürlich nicht aus, daß es einzelne lohnende Kurzstreckendienste geben kann, dann aber nur zwischen zwei oder wenigen weiteren Schwerpunkten z. B. als Zubringerdienst insbesondere abgelegener Flughäfen. An längere Linien jedoch, die in eine Vielzahl von Halten mit solch kurzem Abstand aufgeteilt sind, ist weniger zu denken. Diese Erkenntnis wird durch zwei weitere Feststellungen untermauert: erstens ist der Kurzstreckenhubschrauber betrieblich teuer, was sich auch in den Flugpreisen niederschlagen muß, und zweitens dürfte in den kleinen Städten, die ein Nahverkehrshubschrauber bedienen würde, der Kreis an zahlungskräftigen Verkehrskunden zu klein sein.

2. Zusammensetzung des zu erwartenden Hubschrauberverkehrs

Nunmehr ist die Frage zu klären, welchen bereits vorhandenen hochwertigen Verkehr auf 100 bis 250 km Entfernung der Hubschrauber an sich ziehen und welchen Neuverkehr er sich schaffen wird. Neuverkehr entsteht in der Regel „von unten herauf", das heißt, ein

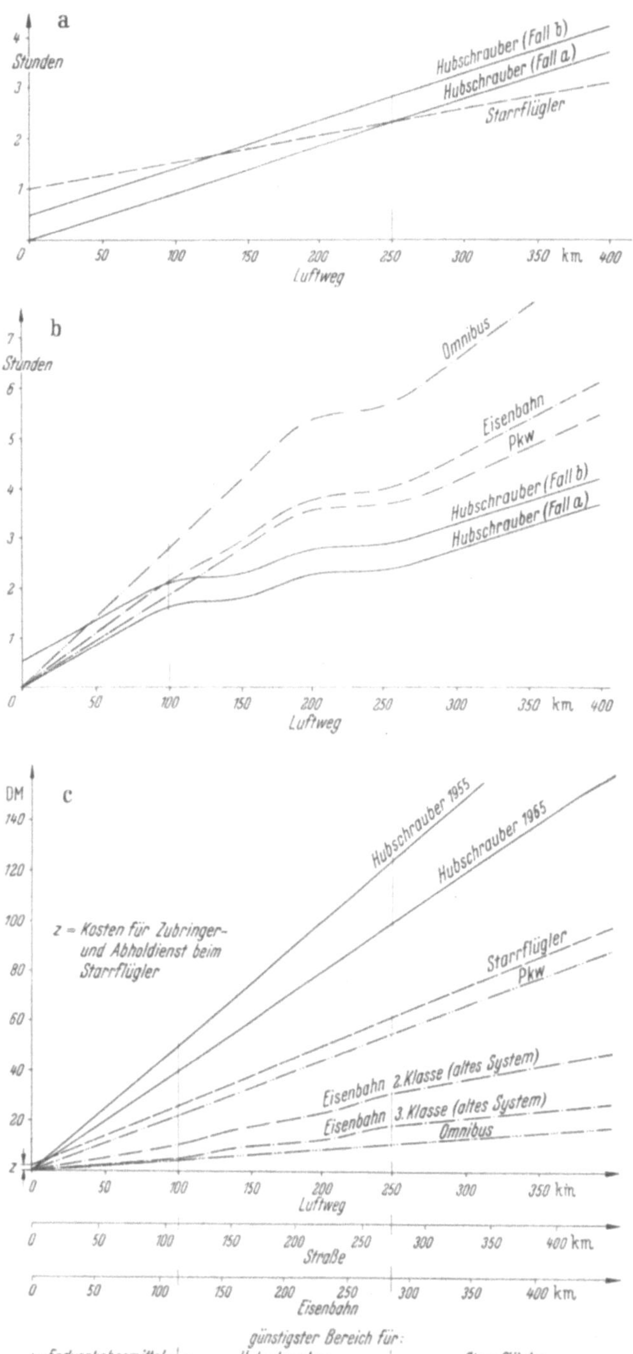

Abb. 30. Günstigster Entfernungsbereich der Verkehrsmittel nach Zeit und Kosten
a) Zeitvergleich Hubschrauber — Starrflügler (obere Grenze);
b) Zeitvergleich Hubschrauber — Erdverkehrsmittel (untere Grenze);
c) Kostenvergleich aller Verkehrsmittel.

neuartiges hochwertiges und teures Verkehrsmittel befriedigt überwiegend Reisewünsche, die zuvor bereits durch ein anderes Verkehrsmittel, jedoch in weniger vollendeter Form erfüllt wurden. Die durch die Abwanderung beim alten Verkehrsmittel entstehende Lücke wird darauf meist durch Wachstum der Verkehrsbedürfnisse, gegebenenfalls durch weitere Verschiebung „von unten herauf" ausgefüllt.

Um einen Anhaltspunkt für den voraussichtlichen Umfang des Hubschrauberverkehrs zu gewinnen, ist die Struktur des Verkehrsaufkommens der vorhandenen Verkehrsmittel zu untersuchen. Der Starrflügler kann hierzu keinen nennenswerten Beitrag liefern, da im Verkehr der deutschen Flughäfen nur ein sehr geringer Teil aller Luftreisen unter 250 km liegt. Der Kraftomnibus muß ebenfalls außer Betracht bleiben, da die mit ihm zurückgelegten Reiseweiten wiederum nur selten über 100 km[1] hinausgehen, außerdem der Bedarf nach schnellerer aber teurer Beförderung bereits von den anderen Verkehrsmitteln absorbiert werden konnte.

Für den Pkw hingegen ist der Entfernungsbereich von 100 bis 250 km Luftweg ($\approx$ 275 km Straße) außerordentlich günstig. Doch muß hier an die Bemerkungen angeknüpft werden, welche in Kap. IV über den grundsätzlichen Zeitvorteil von individuellen Verkehrsmitteln gemacht wurden. Es hieß dort, daß die Folgezeit der Fahr- bzw. Fluggelegenheiten des öffentlichen Verkehrsmittels im Durchschnitt kürzer sein muß als das Doppelte seines Zeitvorsprunges gegenüber dem individuellen Verkehrsmittel, wenn dieser Vorsprung noch zur Geltung kommen soll. Nach den Werten in Abb. 24 beträgt der mittlere Zeitvorsprung des Hubschraubers von 100 bis 250 km bei zentraler Landeplatzlage (Fall a) 0,92 Stunden, bei Abseitslage von 5 km (Fall b) 0,38 Stunden. Die Hubschrauberfluggelegenheiten müßten sich also für die gewünschte Verkehrsrelation in weniger als 1,84 Stunden bei „a" und in weniger als 0,76 Stunden bei der „b"-Lage folgen. Dies ist eine Verkehrsdichte, die der Hubschrauber offensichtlich nicht oder nur ganz ausnahmsweise wird erreichen können. Da sich außerdem — namentlich der kommerzielle — Pkw-Verkehr überwiegend aus dem Wunsch nach Unabhängigkeit, in erster Linie derjenigen von allen Fahrplanbindungen, zu seiner heutigen Größe entwickelt hat, wird ein Übergang zum Hubschrauber sich nur unter den in Kap. IV an gleicher Stelle erörterten Prämissen und nur in wenig bedeutsamem Umfange vollziehen.

Anders liegen die Verhältnisse im Vergleich der öffentlichen Verkehrsmittel Hubschrauber und Eisenbahn. Bei beiden muß eine Wartezeit in Kauf genommen werden. Diejenige des Hubschraubers darf nur nicht um so viel länger sein, daß der Zeitvorsprung hierdurch wieder aufgezehrt wird. Es gilt also, wenn W die Wartezeit und R die reine Reisezeit bedeutet:

$$W_H - W_E < R_E - R_H = \Delta R_{E/H} \qquad (E = \text{Eisenbahn}, H = \text{Hubschrauber})$$

Das heißt: Der Unterschied der mittleren Wartezeiten bei Eisenbahn und Hubschrauber muß kleiner sein als die Differenz der reinen Reisezeiten $\Delta R_{E/H}$. Da aber die mittlere Wartezeit gleich der halben Folgezeit F der Abfahrten bzw. Abflüge ist, gilt

$$\frac{1}{2}(F_H - F_E) < \Delta R_{E/H} \quad \text{oder:}$$

$$F_H < F_E + 2 \Delta R_{E/H}$$

Nach den in Abb. 22 eingeschriebenen Werten beträgt für den Bereich von 100 bis 250 km der Zeitvorsprung $\Delta R_{E/H}$ bei zentraler Landeplatzlage (Fall a) im Mittel 1,21 Stunden und bei Abseitslage (Fall b) 0,71 Stunden. Durchschnittlich müßte der Zeitabstand der Hubschrauberabflüge also geringer sein als derjenige der Fernzugabfahrten (F- und D-Züge) der gleichen Richtung zuzüglich rund 2,4 Stunden im Fall a bzw. 1,4 Stunden im Fall b. Dies ist eine Bedingung, deren Erfüllung für manche Verkehrsrelation durchaus möglich erscheint, um so mehr, da man beim Hubschrauber bis auf weiteres nicht mit ausgesprochenem Nacht-

---

[1] Oppelt, W.: Der entgeltliche Straßenpersonenverkehr im Jahre 1954, Der Personenverkehr 1955, H. 8, S. 158 ff.

verkehr rechnen kann, so daß für den Vergleich nur der Zeitraum von etwa 6 bis 22 Uhr in Frage kommt.

Selbstverständlich wird es im Vergleich des Hubschraubers mit Eisenbahn und Pkw auch Fälle geben, in denen die Wechselwirkung von Zeitvorsprung und Verkehrshäufigkeit keine Rolle spielt. Das kann zutreffen, wenn eine große Zahl von Reisenden gleiche zeitliche Bindungen hat, die außerhalb des Verkehrsmittels begründet liegen, wenn also eine Massierung von Reisewünschen zu einer bestimmten Tageszeit regelmäßig wiederkehrend eintritt. Sodann ist es ohne weiteres denkbar, daß eine Hubschrauberlinie nur einmal täglich in einer Schwerpunktszeit beflogen wird und die Reisewünsche der übrigen Tageszeiten auf Schiene oder Straße befriedigt werden müssen. Da aber im Entfernungsbereich unter 250 km ein Verkehrsmittel nur als eigenständig und damit als vollwertig angesehen werden kann, wenn es eine angemessene Zahl über den Tag verteilter Reisegelegenheiten anbietet, sei dieser Frage hier nicht weiter nachgegangen.

3. Der voraussichtliche Umfang des Hubschrauberverkehrs

Um den voraussichtlichen Umfang des Hubschrauberverkehrs wenigstens größenordnungsmäßig abschätzen zu können, wurde aus Erhebungen der Deutschen Bundesbahn die Zahl derjenigen Reisenden, welche den Hubschrauberbedingungen am ehesten entsprechen, herausgezogen und zwar in folgender Ausscheidung:

a) Reisende der 1. und 2. Klasse[1]	— wegen der Höhe des zu erwartenden Flugpreises,
b) in den F- und D-Zügen	— wegen der Reisegeschwindigkeit,
c) auf 100 bis 300 km Eisenbahnentfernung	— wegen der Reiseweite.

Aus den regelmäßig stattfindenden Zählungen wurde das Ergebnis von Mittwoch, dem 7. September 1955, zugrunde gelegt, in der Annahme, daß dieser Tag etwa das Jahresmittel repräsentiert. Es erbrachte in 360 Zügen 9427 Reisende, die den „Zählbedingungen" entsprachen. Da aber in 22 weiteren Fernzügen nicht gezählt werden konnte, ist das Resultat auf etwa 10000 beförderte Personen pro Tag zu erhöhen.

In dieser Zahl sind jedoch auch Reisende enthalten, deren Weg sich nur teilweise, nicht aber von Fahrtantritt bis zum Ziel mit den Laufwegen der Fernzüge deckte, was bedeutet, daß ein Teil des erfaßten Verkehrsbedarfs durch den Hubschrauber auch nur streckenweise erfüllt werden kann. Dies betrifft nicht nur die Bewohner des „platten Landes", denn auch für die Bevölkerung von dezentralisierten Siedlungen und Trabantenstädten werden der Wahl des Hubschraubers oft Umständlichkeit und Zeitaufwand entgegenstehen, die zur Erreichung des Landeplatzes in der Metropole erforderlich sind.

An Hand einer ebenfalls von der Deutschen Bundesbahn im August und September 1954 durchgeführten Verkehrsstromzählung in den F- und D-Zügen wurden die zwischen 17 wichtigen Städten Süd- und Westdeutschlands möglicherweise hubschrauberwürdigen Verkehrsbeziehungen überprüft. Dabei wurde festgestellt, daß aus dem Kreise der Reisenden, die den genannten Bedingungen nach Wagenklasse und Reiseweite entsprachen, nur 31% ihre Fahrt zwischen diesen Knotenpunkten vollzogen (Ort—Ort=Verkehr), obwohl das vielgestaltige Ruhrgebiet als eine einzige Stadt behandelt worden ist. Weitere 20% traten erst im Verlaufe ihrer Reise von kleineren Orten kommend durch Umsteigen in Fernzugrelationen ein, um die Fahrt dann in einer der großen Städte zu beenden (Übergangs—Ort=Verkehr), während 17% in diesen Knotenpunkten die Reise wohl antraten, ihr Ziel aber erst mit einer Anschlußfahrt nach Verlassen des Fernzuges erreichen konnten (Ort—Übergangs=Verkehr). Für die verbleibenden 32% bildeten die Verkehrsbeziehungen zwischen den großen Städten nur das Mittelstück ihrer Reise (Übergangs—Übergangs=Verkehr).

---

[1] Altes Klassensystem.

Von den letztgenannten Reisenden wird kaum ein Beitrag zum Hubschrauberverkehr zu erwarten sein; sie wurden deshalb bei den folgenden Berechnungen außer acht gelassen. Da der Städteluftverkehr mittels Hubschrauber für den Sektor des Ort-Übergangsverkehrs sowie Übergangs-Ortverkehrs auch nur einen verminderten Anreiz haben kann, wurden dessen Anteile mit je 50% berücksichtigt, während lediglich die 31% des reinen Knotenpunktverkehrs voll in Ansatz kamen. Hiernach verbleiben von den Fernzugreisenden, welche die Zählbedingungen erfüllten, für den Hubschrauber

$$Z_1 = 0.5 \cdot 20\% + 0.5 \cdot 17\% + 31\% \cong 50\%.$$

Unter diesen muß man jedoch auch mit solchen Fahrgästen rechnen, die wohl gerade noch bereit sind, den Fahrpreis 2. Klasse[1] Eisenbahn zu zahlen, sich aber zur Benutzung des Hubschraubers aus Kostengründen nicht entschließen würden. Dazu gehören aber nicht nur Gelegenheitsreisende, sondern auch Geschäftsleute, denn sie fahren auf Netzkarte immer noch billiger als zu dem in Tab. 8 angegebenen mittleren Pkm-Preis. Mehr als diesen Pkm-Satz zahlten 1954 zwar 85% der Fernzugreisenden 1. und 2. Klasse[1] des untersuchten Entfernungsbereichs, aber bei Eliminierung der bisher Vollzahlenden, denen der Hubschraubertarif zu hoch ist, wird man mit 70% für den Hubschrauber noch recht optimistisch geschätzt haben.

Schließlich sind aus dem Zählergebnis auch die Reisenden der Nachtzüge auszusondern, die im Entfernungsbereich von 100 bis 300 km etwa 11% des Verkehrs aller 24 Stunden ausmachen.

Nach Berücksichtigung auch dieser einschränkenden Faktoren bleiben von der Zahl der Eisenbahnreisenden Z_1, die den „Zählbedingungen" entsprachen, also nur mehr

$$Z_2 = 0.70 \cdot 0.89 \cdot 50\% \cong 31\%$$

für den Hubschrauber übrig.

Nun wird aber so manche Verkehrsbeziehung mangels genügend großen Aufkommens für einen regelmäßigen Hubschrauberdienst ganz ausfallen müssen. Um einen ungefähren Anhalt dafür zu bekommen, welcher Maßstab für die Hubschrauberwürdigkeit einer Verkehrslinie anzulegen ist, wurden die folgenden Betrachtungen an Hand des Berechnungsschemas der Tab. 9 angestellt.

Tabelle 9. *Berechnungsschema für die Analyse der Hubschrauberwürdigkeit einer Verkehrslinie*

			Teilstrecken der Verkehrslinie				
	Rechnungsgang	Dimension	A	B	C	D	E
1	2	3	4	5	6	7	
1	Länge der Teilstrecken L (Luftweg)	km	...	...	...	...	
2	Gesamtlänge der Linie Σ L (Luftweg)	km		...				
3	Eisenbahnreisende in D- und F-Zügen von 100 bis 300 km in der 1. und 2. Klasse[1]	Reisende	...	...	...	...	
4	Voraussichtliche Anzahl der Hubschrauberreisenden aus Einzelermittlung bzw. $Z_2 \cdot$(Zeile 3)	Reisende	...	...	...	...	
5	Häufigkeit im D- und F-Zugverkehr von 6 bis 22 Uhr je Richtung	Zugzahl	...	...	...	...	
6	Zugfolge im D- und F-Zugverkehr von 6 bis 22 Uhr je Richtung: 16/(Zeile 5)	Stunden	...	...	...	...	
7	Anbietbare Flughäufigkeit pro Tag und Richtung: (Zeile 4)/10	Abflüge	...	...	...	...	
8	Anzubietende Abflugfolge pro Tag und Richtung bei Mittel der Flugplatzlagen von Fall a) und b): (Zeile 6) $+ 2\, \Delta R_{E/H} =$ (Zeile 6) $+ 1{,}9$	Stunden	...	...	...	...	
9	Anzubietende Flughäufigkeit pro Tag und Richtung (ohne Zeitvorsprung): 16/(Zeile 8)	Abflüge	...	...	...	...	
10	Rentabilitätskoeffizienten (Flugwürdigkeitszahlen) K der Teilstrecken (Zeile 7)/(Zeile 9) ..	—	...	...	...	...	
11	Rentabilitätskoeffizient K der Gesamtstrecke: Σ (Zeile 10) $\cdot$ (Zeile 1)/(Zeile 2)	—		...				

[1] Altes Klassensystem

3*

Die wirtschaftlich tragbare Mindestgröße der einzusetzenden Baumuster ergibt sich aus den Selbstkosten der Tab. 7. Hiernach dürfte der kleinste Hubschrauber, mit dem man bei 65% Auslastung noch die in Tab. 8 angegebenen Flugpreise einhalten kann, der Typ Pd 22 mit einem Angebot von 15 Plätzen sein, von welchen also im Durchschnitt 10 Plätze belegt sein müssen. Teilt man die berechnete Zahl der Reisenden je Streckenabschnitt pro Tag und Richtung (Tab. 9, Zeile 4) durch diese Mindestbesetzung, so ergibt sich hierfür die wirtschaftlich gerechtfertigte Anzahl der Flüge (Zeile 7). Setzt man diesen Wert ins Verhältnis zur mindestens anzubietenden Verkehrshäufigkeit, die notwendig ist, damit der Hubschrauber seinen Zeitvorteil gegenüber der Eisenbahn nicht verliert (Zeile 9), so erhält man den Rentabilitätskoeffizienten oder die Flugwürdigkeitszahl K (Zeile 10). Ist K kleiner als 1, so lohnt ein regelmäßiger Einsatz des Hubschraubers nicht; bei K = 1 reicht die theoretisch ermittelte Anzahl von hubschrauberwilligen Reisenden gerade zur 65%igen Besetzung von so vielen Flugkursen aus, wie im Vergleich mit der Verkehrsdichte der Fernreisezüge zur Erzielung einer gleich langen Gesamtreisezeit nötig sind. Erst mit K größer als 1 wird bei Wahrung der Rentabilität auch ein Zeitvorsprung geboten.

Da wegen der gegenseitigen Überdeckung der Reiseströme die Teilstrecken einer Linie unterschiedliche K-Werte aufweisen werden, ist durch Bildung des gewogenen Mittels über die Gesamtstrecke zu prüfen, inwieweit Abschnitte mit schlechter Besetzung durch solche mit guter Rentabilität kompensiert werden:

$$K \text{ gesamt} = \frac{\Sigma \, K \cdot L}{\Sigma \, L} = \frac{K_a \cdot L_a + K_b \cdot L_b + \ldots + K_n \cdot L_n}{L_a + L_b + \ldots + L_n}$$

Hierbei sind K_a, K_b, ..., K_n die Koeffizienten der Teilstrecken (Zeile 10) und L_a, L_b ..., L_n die dazugehörigen Streckenlängen (Zeile 1).

Um einen Begriff von der Hubschrauberwürdigkeit der Strecken des deutschen Binnenverkehrs zu erhalten, wurden aus der Reisestromzählung zwei bedeutende Relationen ausgewählt und einer Analyse nach diesem Verfahren unterzogen. Es sind dies die Routen Frankfurt a. M.—Ruhrgebiet über Wiesbaden/Mainz—Koblenz—Bonn—Köln sowie Frankfurt a. M.—München über Mannheim/Heidelberg—Stuttgart—Ulm—Augsburg. Jedem Streckenabschnitt wurden dabei die individuellen Zählergebnisse zugrunde gelegt, welche übrigens für die Zeile 4 des Rechenschemas stets nur geringfügig von 31% des Wertes der Zeile 3 abwichen. Das Ergebnis ist enttäuschend: Die Flugwürdigkeitszahl K beträgt für die Relation Frankfurt a. M.—Ruhrgebiet 1,17 und auf der Strecke Frankfurt a. M.—München 0,71.

Es eignen sich also offensichtlich nur sehr wenige Strecken für den Hubschrauberdienst mit einer im Vergleich zur Eisenbahn angemessenen Häufigkeit über den Tag verteilter Fluggelegenheiten. Selbst unter der Annahme, daß darüber hinaus eine größere Zahl von Linien jeweils nur in täglich einer oder zwei Schwerpunktslagen beflogen werden würde, dürften im Bundesgebiet von den 10 000 Eisenbahnreisenden der Zählung nicht 31%, sondern höchstens 20%, also pro Tag rund 2000 Reisende auf den Hubschrauber abwandern. Hierbei wird es sich überwiegend um nur werktags gefragten Geschäftsverkehr handeln, so daß pro Jahr unter den derzeitigen Bedingungen mit einem Aufkommen von kaum mehr als etwa 300 · 2000 = 600 000 Reisenden zu rechnen ist. Nimmt man für die mittlere Reiseweite 200 km an, so ergibt das eine jährliche Beförderungsleistung von 120 Mio Pkm. Gemessen am gesamten Bundesbahnverkehr aller Entfernungen in der 1. und 2. Klasse (alten Systems) von 1954 sind das — die allerdings einträglichsten — 2,9% an Reisenden und 7,5% an Pkm.

VII. Hubschrauberflugplätze [1]

Die Notwendigkeit, für das Starten und Landen von Hubschraubern besonders hergerichtete und zur Umgebung richtig bezogene Flugplätze vorzusehen, unterwirft den Hubschrauber-

---

[1] Genaue Definition von Hubschrauberflughäfen und Hubschrauberlandeplätzen siehe im Beitrag C. E. Gerlach: Raumlage und Gestaltung der Hubschrauberflughäfen.

verkehr speziellen Bedingungen in Abhängigkeit von der Siedlungsgröße und dem Verkehrsumfang. Bei kleinen und mittleren Siedlungen wird die Zahl der Hubschrauberstarts und -landungen noch relativ gering sein. Aber schon bei Großstädten von mehr als 300 000 Einwohnern kann das Problem der Ballung der Bewegungsvorgänge und der Knotenpunktbildung in der Luft aktuell werden mit dem Resultat, daß mehrere Plätze anzulegen sind. Aus dieser Überlegung läßt sich die wichtige These ableiten, daß man es in Abhängigkeit von dem Verkehrsumfang einer Siedlung mit dem Streuungs- oder Ballungsprinzip der Flugplätze für den Hubschrauberverkehr zu tun hat. Während das Streuungsprinzip bei kleinen und mittleren Siedlungen vorliegt und zu einer günstigen Auflockerung der Start- und Landevorgänge führt, herrscht das Ballungsprinzip dagegen im Luftraum der großen Siedlungen dann vor, wenn ein erheblicher Verkehrsbedarf zu ungünstigen Konzentrationen der Start- und Landevorgänge über verhältnismäßig kleinen Flächen des Stadtzentrums und seiner näheren Umgebung führt. Das erschwert die Synthese zwischen dem Verkehrsumfang und seiner Befriedigung durch den Hubschrauber in hohem Maße. Die technische Leistungsfähigkeit des Flugplatzes muß ihre Grenze in der sicheren Folge der Starts und Landungen über dem Flugplatz finden. Da der Luftverkehr wesentlich labileren Umständen und Führungselementen unterworfen ist als beispielsweise der erdgebundene Verkehr, kann das Problem der Errichtung mehrerer Flugplätze im Bereich einer Großstadt und ihre Abgrenzung zueinander besondere Bedeutung erlangen. Angenommen, der Verkehrsbedarf für die Benutzung von Hubschraubern sei einmal so groß, daß die Häufigkeit der Verkehrsgelegenheiten die Anlage von drei Hubschrauberplätzen verlangt, so leuchtet es ein, daß ihre Unterbringung im Stadtzentrum wesentlich schwieriger ist, als die Unterbringung des innerstädtischen Nahverkehrs im gleichen Bereiche der Stadt. Es wäre dann die Frage zu prüfen, in welcher Entfernung zueinander die Flugplätze aus Gründen der Landesicherheit liegen müssen, um daraus Schlüsse für ihre Unterbringungsmöglichkeit im bebauten Stadtgebiet zu ziehen; ist es doch bekannt, wie sehr sich die Flugplätze für Starrflügler gegenseitig bei Nachbarschaftslage behindern können.

Die flugbetrieblichen Gesichtspunkte, wie das Problem der Kontrolle der Flugbewegungen und der Leistungsfähigkeit eines Platzes werden von C. E. Gerlach in einem besonderen Beitrag „Raumlage und Gestaltung von Hubschrauberflughäfen" behandelt.

VIII. Die öffentliche Hand und die Entwicklungsmöglichkeiten

Die Aufgaben der öffentlichen Hand bei der Entwicklung des Hubschrauberverkehrs und die zukünftigen Möglichkeiten dieses im Luftverkehr neuerscheinenden Verkehrsmittels müssen in einem sehr engen Zusammenhang betrachtet werden, da die Entwicklung dieses Verkehrs nicht nur von den technischen und wirtschaftlichen Voraussetzungen des Fluggerätes, sondern auch in sehr starkem Maße von der Hilfe der Öffentlichkeit abhängig ist, die man ihm zukommen lassen muß, um ihn durch die Bildung konkurrenzfähiger Flugpreise lebensfähig zu gestalten. Die hier anzuschneidenden Probleme beeinflussen sich wechselseitig, denn einerseits bestehen Entwicklungsmöglichkeiten für den Hubschrauber nur dann, wenn die öffentliche Hand ihm eine langfristige Unterstützung angedeihen läßt, andererseits wird eine solche Hilfeleistung nur gewährt werden können, wenn der Hubschrauber auf Grund seiner bisherigen technischen und wirtschaftlichen Entwicklungsstufen verspricht, in der Verkehrsbedienung einmal einen wertvollen, ergänzenden und vor allem von einem gewissen Zeitpunkt ab finanziell selbständigen Platz einzunehmen.

1. Art und Umfang der Subventionen im Weltluftverkehr

Seit Beginn der Entwicklung unserer heutigen Verkehrsmittel haben Staat, Länder und Gemeinden mit öffentlichen Mitteln weitgehend zur Schaffung und zum Wachstum der Verkehrsunternehmen beigetragen. Das aktive oder passive Verhalten der öffentlichen Hand fördert oder hemmt nicht nur die Entwicklung eines Verkehrsmittels, sondern kann auch durch eine einseitig betriebene, unüberlegte Verkehrspolitik zum völligen Ruin einzelner Verkehrsmittel oder zur Krise sogar des gesamten Verkehrswesens beitragen.

Die Luftfahrt hat in den letzten Jahrzehnten in allen Staaten eine umfangreiche öffentliche Hilfe erfahren, die es ihr ermöglicht hat, heute einen wichtigen Platz im Wirtschaftsleben allgemein und in der Verkehrsbedienung im besonderen einzunehmen. Doch ging man bei der Gewährung von staatlicher Unterstützung im Luftverkehr nicht allein von der Voraussetzung eines späteren Kapitalertrages aus, sondern man verfolgte auch den Gedanken, daß der Luftverkehr in hohem Maße geeignet ist, die internationalen Verkehrsbeziehungen der Länder und der Erdteile untereinander zu verbessern und dem Ansehen des Staates zu dienen. So wurde und wird heute noch der Luftverkehr auf mannigfache Weise unterstützt und das Risiko des Erfolges weitgehend von der Allgemeinheit getragen. Man hat der Luftfahrt nicht versagt, was den Eisenbahnen und auch anderen Verkehrsmitteln in den vorausgegangenen Jahrzehnten an Hilfsmitteln geboten wurde. Die Art der Unterstützung war dabei unterschiedlich und ist heute noch in den einzelnen Ländern verschieden.

Neben den direkten Subventionen, wie z. B. der Übernahme des Defizits der Luftverkehrsgesellschaften, spielen die indirekten Subventionen in der Form überhöhter Vergütungen für die Postbeförderung, staatlicher Förderung der Flugzeugindustrie sowie der Übernahme von Flugsicherungskosten eine bedeutende Rolle. Auch die Steuer- und Zollvergünstigungen sowie der Ausbau und die Vorhaltung der Flughäfen sind indirekte Subventionsmethoden. In den USA ist das System der sogenannten Postverträge vorherrschend, wodurch der Umfang der öffentlichen Hilfe verschleiert wird. Auf Grund eindringlicher Forderungen der Öffentlichkeit ist heute eine Trennung der Postvergütungen von den direkten Subventionsleistungen eingeleitet und zum Teil bereits durchgeführt. In Europa ist eine Klarheit über das Ausmaß der indirekten Subventionen noch keineswegs geschaffen, doch wird es auch hier notwendig werden, die objektiven Kosten und Erträge des Luftverkehrs zu ermitteln.

Man macht sich heute überall, besonders aber in den USA, sehr ernstliche Gedanken darüber, zu welchem Zeitpunkt endlich der Luftverkehr seine „Volljährigkeit" erreicht haben wird und unabhängig von öffentlichen Zuschüssen arbeiten kann. Der zweite Weltkrieg brachte dem amerikanischen Luftverkehr einen ungeahnten Aufschwung. Der inneramerikanische Hauptstreckenverkehr beginnt bereits Eigenwirtschaftlichkeit zu erzielen, während der internationale Luftverkehr jedoch noch einen starken Zuschußbedarf hat. Die USA brachten 1953 etwas mehr als 77 Millionen $ für direkte Luftverkehrssubventionen auf, während im gleichen Jahr für die Handelsschiffahrt 200 Millionen $ und für die Landwirtschaft 2200 Millionen $ aufgewendet wurden. Läßt man einmal den Umfang der volkswirtschaftlichen Wirkung des geförderten Objektes außer acht, so erscheint die Subvention für die Handelsluftfahrt nicht gerade sehr hoch. Die amerikanische Luftfahrt hat in bezug auf geographische, siedlungsmäßige und industrielle Voraussetzungen die besten Entwicklungsmöglichkeiten und steht heute von allen Staaten der Welt am gesündesten da. Demgegenüber ist der europäische Luftverkehr bemüht, den durch den zweiten Weltkrieg entstandenen Rückstand aufzuholen. Zwar haben einige Gesellschaften, wenn man die indirekten Subventionen unberücksichtigt läßt, in den letzten Jahren bescheidene Gewinne erzielen können, doch ist für den gesamten europäischen Luftverkehr der Zeitpunkt einer subventionsfreien Wirtschaftsführung noch nicht abzusehen. Insbesondere wird dieser Zeitpunkt durch die Schwierigkeiten, die der Integrierung des europäischen Luftverkehrspotentials entgegenstehen, wesentlich hinausgeschoben. Nach wie vor führen sämtliche europäischen Gesellschaften, gestützt auf staatliche Beihilfen, einen erbitterten Konkurrenzkampf und verfolgen mehr oder weniger nationale Zielsetzungen, welche mit den wirtschaftlichen Bedürfnissen für ein europäisches Luftverkehrsnetz keineswegs immer übereinstimmen. Die Rentabilität des Luftverkehrs in Europa ist aber nicht durch Rationalisierung und Leistungssteigerung allein, sondern sehr wesentlich auch durch Koordinierung — an Stelle von Konkurrenz — zu erzielen.

Dies ist die Lage im Weltverkehr. Während im Frühstadium der Entwicklung die offenen und versteckten Subventionen den Hauptanteil der Einnahmen ausmachten, betragen sie heute bei den führenden Luftverkehrsgesellschaften Amerikas und Europas im Durchschnitt 10% des Gesamtumsatzes. Es ist hier nicht möglich, die Ertragsstruktur einzelner Gesellschaften für die letzten 30 Jahre aufzuzeigen, zumal die unterschiedliche Höhe der Subventionen bei den einzelnen Unternehmungen keine Rückschlüsse auf ihren Wert zuläßt, da hierzu die Aufgaben der Gesellschaften zu unterschiedlich sind. Es ist aber offensichtlich, daß im Laufe der Entwicklung des Luftverkehrs eine erhebliche Senkung der staatlichen Subventionen möglich war und daß sich diese Tendenz — wenn man von einigen krisenhaften Jahren absieht — auch in jüngster Zeit fortgesetzt hat. Es wird jetzt in wachsendem Maße eine weitere Einschränkung der öffentlichen Unterstützungen gefordert, nachdem der Luftverkehr das Stadium der Reife erlangt hat.

2. Die Unterstützungsmöglichkeiten für die Hubschrauberentwicklung

In dieser Situation des Luftverkehrs erscheint nun der Hubschrauber als neues und ergänzendes, konkurrenzierendes und wiederum hilfsbedürftiges Luftverkehrsmittel. Seine Entwicklungsaussichten sind in starkem Maße von der Unterstützung durch die öffentliche Hand abhängig, ja man kann sogar sagen, daß er niemals als Verkehrsmittel eine Rolle spielen wird, wenn sich die Allgemeinheit seiner nicht im Entwicklungsstadium annimmt. Einmal haben seine hohen Selbstkosten zur Folge, daß er nur mit einem geringen Verkehrsaufkommen rechnen und damit lediglich eine spärliche Verkehrsbedienung bieten kann, zum anderen vermag der Hubschrauber die Erstellung von Hubschrauberflughäfen und die Weiterentwicklung des Fluggerätes selbst aus seinen Einnahmen allein nicht zu bestreiten. Der Hubschrauber wird um seine öffentliche Anerkennung als vollwertiges Verkehrsmittel trotz seiner gänzlich neuen und vielfältigen Einsatzmöglichkeiten kämpfen müssen. Er wird sogar einen größeren Konkurrenzkampf zu führen haben, als dies beim Starrflügler der Fall war, da er in Verkehrsgebiete einbrechen muß, welche durch andere Verkehrsmittel bereits seit langer Zeit gut bedient werden, während der Starrflügler seinerzeit wegen seiner Überlegenheit in der Geschwindigkeit ein weitaus günstigeres Betätigungsfeld im kontinentalen und besonders im interkontinentalen Verkehr vorfand.

Die vorausgegangenen Untersuchungen über die Sicherheit, Leistungsfähigkeit und Wirtschaftlichkeit eines Hubschrauberverkehrs haben gezeigt, daß der Hubschrauber innerhalb des seiner Eigenart entsprechenden Einsatzbereiches mit Erfolg wirksam sein kann und zur Befriedigung bestimmter Verkehrsbedürfnisse beizutragen vermag. Die öffentliche Hand wird sich dieser Tatsache nicht verschließen können und zu prüfen haben, welche Unterstützungen sie ihm zukommen lassen muß.

Zur Förderung der Hubschrauberentwicklung stehen den Regierungen und eventuell auch den lokalen Behörden folgende Möglichkeiten zur Verfügung:

1. Schaffung von Hubschrauberlinien durch die öffentliche Hand, die später an Privatgesellschaften zum Betrieb und zur weiteren Entwicklung übergeben werden;
2. Abschluß von Verträgen auf Leistung und Gegenleistung zwischen Regierung und Luftverkehrsgesellschaft, um eine Mindestverkehrsmenge zu garantieren, bzw. die Verkehrsleistungen anzuheben;
3. Gewährung von direkten und indirekten Subventionen sowohl zur Beschaffung des Fluggerätes als auch zur Betriebsführung und zur Vorhaltung von Hubschrauberflugplätzen;
4. Unterstützung der Forschung auf dem Gebiete der Entwicklung des Fluggerätes und des Hubschrauberverkehrs;

5. Abstimmung der Gesetze und Vorschriften auf die besonderen Eigenarten des Hubschraubers;
6. Befreiung von öffentlichen Lasten.

3. Art und Umfang der bisherigen Hubschrauber-Subventionen

Die Subventionspolitik in Europa muß sich wegen der weitgehenden Verankerung des gemeinwirtschaftlichen Prinzips im Verkehrswesen, dem namentlich der Landverkehr unterliegt, von den nordamerikanischen Tendenzen unterscheiden. Dennoch wird man zunächst den Blick auf die USA wenden, weil dort nicht nur die größten Erfahrungen im Hubschrauberverkehr, sondern auch bereits auf dem Gebiete der öffentlichen Hilfeleistung gesammelt werden konnten.

Die USA-Luftfahrtbehörde CAB (Civil Aeronautics Board), welcher unter anderem die Zulassung von Fluglinien obliegt, hat bei der Vergebung von Fluggenehmigungen für lokale Hubschrauberlinien oder Nebenstrecken im allgemeinen neue Unternehmen bevorzugt, welche ausschließlich Hubschrauberdienste betreiben. Sie tat dies aus der Überlegung heraus, daß ein reines Hubschrauberunternehmen sich für die wirtschaftliche Entwicklung des Hubschrauberverkehrs stärker einsetzen wird als eine große Luftverkehrsgesellschaft, welche ihre Aufmerksamkeit doch immer wieder den Fernverkehrsverbindungen zuwendet und ihre Hubschrauberlinien unter dem Gesichtspunkt des Zubringerdienstes zum Fernverkehr betrachtet. So haben in den letzten Jahren drei Hubschrauber-Luftverkehrsgesellschaften in den USA umfangreiche Erfahrungen, zunächst in der Postbeförderung, dann aber auch im regelmäßigen Passagierverkehr, gesammelt. Die „Los Angeles Airways" befördert Post und Fracht zwischen dem Flughafen und dem Postgebäude von Los Angeles, außerdem bedient sie zahlreiche Städte der Umgebung. Die Gesellschaft „Chicago Helicopter Service" betreibt einen Hubschrauberdienst mit 33 größeren und kleineren Städten der Umgebung von Chikago, und die „New York Airways" hat 1952 einen regelmäßigen Post- und Fracht-Flugdienst zwischen den drei Weltflughäfen von New York — Idlewild, Newark und La Guardia — eingerichtet. 1953 eröffnete diese Gesellschaft auch einen Personenbeförderungsdienst zwischen den drei Flughäfen.

Neben diesen neuen Hubschrauber-Gesellschaften hat der CAB erst einer einzigen, bereits bestehenden Luftverkehrsgesellschaft die Genehmigung zur Eröffnung eines planmäßigen Hubschrauber-Flugdienstes erteilt, obgleich ihm zu diesem Zeitpunkt 40 solche Anträge aus 26 verschiedenen regionalen Gebieten vorlagen. Der CAB betrachtet diese Erlaubnis, welche entgegen den Protesten der zahlreichen Antragsteller an die „National Airlines" gegeben wurde, als ein Experiment und hat seine Zustimmung von der Bedingung abhängig gemacht, daß der Hubschrauber-Flugbetrieb in keiner Weise durch direkte oder indirekte Subventionen unterstützt wird. Auf diese Weise erhofft man Unterlagen über die Selbstkosten des Hubschrauberverkehrs zu bekommen, welche die bisherigen Erfahrungen der drei erwähnten Gesellschaften ergänzen sollen. Die „National-Airlines" nimmt den Hubschrauberdienst in Florida auf, wo in bezug auf Wetterverhältnisse und Verkehrsbedürfnisse günstige Voraussetzungen bestehen.

Von diesem Einzelfall abgesehen bedarf der Hubschrauberverkehr zur Bildung konkurrenzfähiger Flugpreise der öffentlichen Hilfe. Für 1954 hatte der CAB für die erwähnten drei Hubschrauber-Luftverkehrsgesellschaften die Gesamtsumme von 11,7 Mio DM angesetzt. Davon wurden 10,4 Mio DM als „außerordentliche Zuschüsse" bezeichnet, während der Rest von 1,3 Mio DM als Vergütung für die Postbeförderung gedacht war. Die staatlichen Beihilfen für den gesamten Luftverkehr in den USA betrugen im gleichen Jahre 360 Mio DM.

Ein großes Interesse an der Entwicklung des Verkehrshubschraubers zeigen in den USA — wie auch in allen anderen Staaten — die militärischen Stellen. So wie in den letzten Jahrzehnten militärische und zivile Bedürfnisse wechselseitig den technischen Fortschritt der

Luftfahrt gefördert haben, wird dieses auch bei der Entwicklung des Hubschraubers der Fall sein. Die Notwendigkeit der Wahrnehmung militärischer Interessen wird die Subventionsfrage für die Hubschrauberentwicklung stets positiv beeinflussen.

Während in den USA die öffentliche Hand im wesentlichen neue Hubschrauber-Luftverkehrsgesellschaften mit der Erprobung des Fluggerätes und seinen Einsatzmöglichkeiten beauftragt hat, nahm die Entwicklung in Europa einen etwas anderen Verlauf. Zwar war auch hier die Postbeförderung zunächst das geeignete Mittel, Betriebserfahrungen zu sammeln, doch wurde dieser Hubschrauber-Postdienst von großen bestehenden Luftverkehrsgesellschaften durchgeführt. Die British European Airways schuf bereits 1948 eine „Hubschrauberabteilung", die solche Postdienste und danach auch Passagierdienste einrichtete. Für die gesamte Entwicklung von Hubschraubern wurde in Großbritannien 1946/47 ein staatlicher Zuschuß in Höhe von 1,35 Mio DM zur Verfügung gestellt, im Jahre 1954/55 betrug dieser Zuschuß rund 30 Mio DM.

Die Sabena betreibt in dem außerordentlich dicht besiedelten westeuropäischen Industrieraum von Nordfrankreich, Belgien und Holland seit 1950 einen Postbeförderungsdienst und seit 1953 auch einen Passagierdienst, der sich bis in den Raum Köln und bis in das Ruhrgebiet hinein erstreckt. Dieser Hubschrauberdienst soll dem Flughafen Brüssel für die Transatlantikflüge der Sabena Fluggäste zuführen und wird aus den ertragreichen Routen erheblich subventioniert. Ein Zwischen-Stadt-Verkehr wird nur zur Auslastung beiläufig mitbedient. Eine weitere Unterstützung besteht für diesen Hubschrauberdienst in der Vorhaltung der Landeplätze durch die öffentliche Hand, da mit Ausnahme von Brüssel alle anderen Plätze von den Städten auf eigene Kosten gebaut worden sind. Trotz dieser starken Subventionierung liefern die Betriebserfahrungen auf diesen Linien für die Einsatzmöglichkeiten in unserem mitteleuropäischen Raum wertvolle Unterlagen.

4. Gesichtspunkte für die weitere Subventionspolitik

Nach der Behandlung der verschiedenen Subventionsmethoden ist zu fragen, wie dieses Problem für das Bundesgebiet beurteilt werden muß. Soll der Hubschrauber keine sensationelle Einzelerscheinung bleiben, sondern ein wertvolles und nützliches Glied des Binnenverkehrs darstellen, so darf man die gegenwärtige Situation im Verkehrswesen und die Wirkung, welche der Hubschrauber auf die anderen Verkehrsmittel ausübt, nicht außer acht lassen.

Da der Hubschrauber nur in ganz wenigen Relationen in der Lage sein wird, hochwertige und anspruchsvolle Verkehrswünsche auch nur annähernd allein zu befriedigen, und andernorts von den konkurrierenden Verkehrsmitteln nur mehr die lukrativen Dienste übernehmen könnte, muß mit der Subventionierung sehr behutsam vorgegangen werden. Die Hilfe der öffentlichen Hand wird sich daher nur auf die Überwindung der Anfangsperiode erstrecken dürfen und muß in dem Moment eingestellt werden, in welchem eine weitere echte Selbstkostensenkung im Hubschrauberverkehr nicht mehr möglich ist. Die zur Behebung der gegenwärtigen Verkehrskrise notwendige Tendenz, die Tarife aller Verkehrsmittel nach und nach auf ihre objektiven Selbstkosten abzustimmen, sollte durch eine verfehlte Hubschrauberpolitik nicht gefährdet werden.

IX. Schlußfolgerungen

Der Hubschrauber ist ein sicheres, für den praktischen Einsatz technisch genügend reifes, jedoch noch entwicklungsfähiges Luftverkehrsmittel mit vergleichsweise hohen Selbstkosten. Seine speziellen Eigenschaften befähigen ihn, Bedürfnisse des Personenverkehrs in vorteilhafter Weise im Bereich von etwa 100 bis 300 km Entfernung zu befriedigen. Auch auf Kurzstrecken sind als Zubringer für den Fernluftverkehr in Gebieten mit starker Ballung des Erdverkehrs gute Einsatzmöglichkeiten denkbar. Überall aber kann es sich nur um hochwertigen Verkehr handeln, der in solchem Umfang aufkommen muß, daß eine gute Auslastung des Hubschraubers gewährleistet ist.

Die Struktur des Personenverkehrs in der Bundesrepublik bietet für diese Bedingungen eine — wenn auch zunächst schmale — Existenzgrundlage, deren Ausweitung vom Wachstum der allgemeinen Prosperität abhängt.

Grundsätzlich schließt im Güterverkehr der Begriff der Hochwertigkeit nicht notwendigerweise ein besonderes Eilbedürfnis ein. Im planmäßigen Hubschrauberfrachtdienst dagegen ist Hochwertigkeit und Eilbedürfnis Voraussetzung. Diese Bedingungen erfüllt in weitgehendem Maße der Postverkehr. Seine Sendungen sind nicht nur eilbedürftig, sondern dazu von so ausgeprägter Regelmäßigkeit, daß für eine Anzahl von Postverbindungen die erforderliche Auslastung zu erzielen sein dürfte.

Der Hubschrauber wird also ein seinem Charakter entsprechendes abgegrenztes Arbeitsfeld vorfinden und dort wertvolle Arbeit leisten können. Die Ablösung vorhandener Verkehrsmittel in wesentlichem Umfange wird man von ihm jedoch nicht erwarten dürfen.

Raumlage und Gestaltung von Hubschrauberflughäfen

Von Dr.-Ing. Carl E. Gerlach, Stuttgart

I. Allgemeine betriebliche Gesichtspunkte

Durch die außergewöhnlichen und vielseitigen Flugeigenschaften des Hubschraubers ist vielfach der falsche Eindruck entstanden, die Auswahl und Konstruktion von Hubschrauberflughäfen sei eine ganz einfache Angelegenheit. In Wirklichkeit beschränkt sich der Hubschrauber im planmäßigen Verkehr auf ähnliche Flugbewegungen wie der Starrflügler, nämlich Vorwärtsflug und Start und Landung, nur daß die Bewegungen langsamer und bei Start und Landung in einem steileren Winkel vor sich gehen. Die Größe und Gestaltung der Hubschrauberflughäfen wird daher in ähnlichem Sinne von den Maßen und Leistungen des Fluggeräts beeinflußt.

Die heute zur Verfügung stehenden Hubschrauber erlauben noch keinen senkrechten Start, da sie über keinen ausreichend großen Leistungsüberschuß verfügen. Aus Gründen der Betriebssicherheit wird man gleich nach dem Start in den schrägen Vorwärtssteigflug übergehen. Rein technisch sind mehrere Arten von Start und Landung möglich[1]. Im vorliegenden Zusammenhang sind folgende Startarten von Bedeutung:

1. Normalstart (Senkrechtstart und anschließend Vorwärtssteigflug);

2. Anlaufstart (Geringer Leistungsüberschuß, Überlaststart).

Diese beiden Startarten sind in Abb. 1 schematisch dargestellt. Es muß angestrebt werden, daß Verkehrshubschrauber in der Lage sind, grundsätzlich Normalstart durchzuführen.

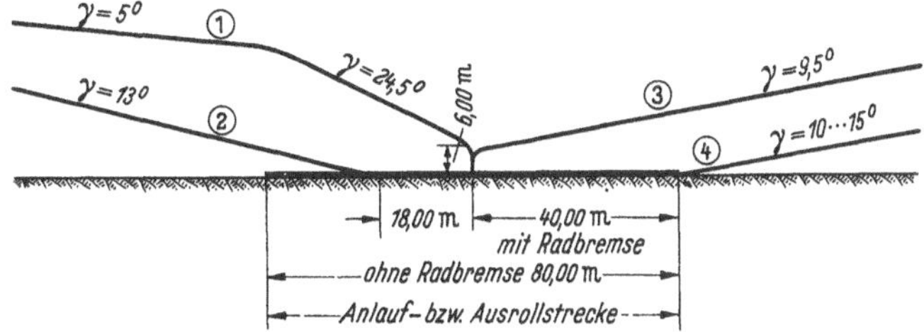

Abb. 1.   Start- und Landeverlauf bei Hubschraubern

1 Normalstart. Leistungsüberschuß vorhanden
2 Anlaufstart. Überlast = 29 % der Nutzlast
3 Normallandung. Senkrechter Abstieg ab 6 m Höhe
4 Landung bei Ausfall eines Motors

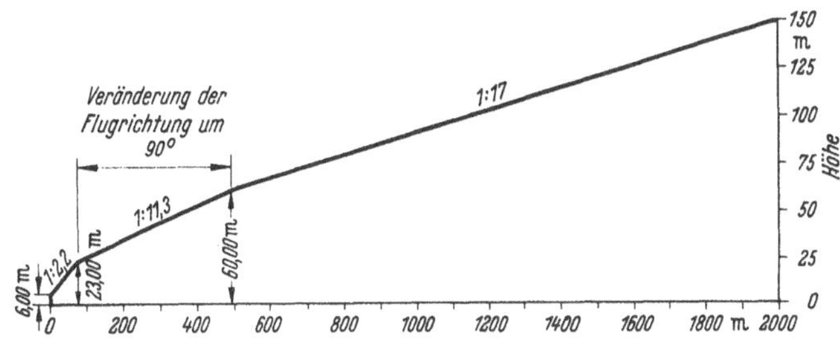

Abb. 2.   Schematisches Diagramm für Hubschrauberstart

Die günstigste Steigleistung des Hubschraubers wird im allgemeinen beim 0,3fachen der maximalen Vorwärtsgeschwindigkeit erreicht. Bei einer Höchstgeschwindigkeit von etwa 200 km pro Stunde der heutigen Hubschrauber beträgt die Vorwärtsgeschwindigkeit im günstigsten Steigflug rund 65 km/h. In Abb. 1 ist auch die Flugwegkurve bei einer Normallandung und einer Landung bei Ausfall eines Motors dargestellt. Abb. 2 zeigt ein schemati-

---

[1] Bode: Flugtechnische Betrachtungen zur Flugsicherheit und Flugsicherung. Deutsche Studiengemeinschaft Hubschrauber e. V. Stuttgart.

sches Diagramm für den Hubschrauberstart. Aus beiden Flugwegskizzen läßt sich die erforderliche Hindernisfreiheit für den An- und Abflug ableiten.

Die Windgeschwindigkeit und Windrichtung haben einen bestimmten Einfluß auf die Flugbewegungen des Hubschraubers. Als Folgerung hieraus sollte die Start- und Landefläche des Hubschraubers so geplant werden, daß sie Start und Landung gegen den Wind erlaubt, Seitenwind möglichst vermeidet und keinen Flug mit dem Wind notwendig macht. Dies erfordert in jedem Fall die Bestimmung der vorherrschenden Windrichtung und eine entsprechende Anordnung der Anflugsektoren.

Für den Flugbetrieb mit den zur Zeit noch üblichen einmotorigen Hubschraubern muß der Hubschrauberflughafen nach dem Gesichtspunkt angelegt werden, daß beim Ausfall des Motors während des Anfluges oder des Starts eine Autorotationslandung gemacht werden kann. Zweimotorige Hubschrauber sind in Erprobung, und es läßt sich bereits übersehen, welche Leistungen für zivile Zwecke man in Zukunft von ihnen zu erwarten hat. Der zweimotorige Hubschrauber muß sich auch im Falle eines Motordefekts noch vorwärts oder im Steigflug bewegen oder aber innerhalb des Flughafens eine sichere Landung durchführen können. Das heißt, er muß ohne Windeinfluß bei einer Vorwärtsgeschwindigkeit von etwa 65 km/h 60 m pro Minute steigen können, was einer Neigung von 1 : 18 entspricht. Dies würde verhältnismäßig große Start- und Landeflächen erfordern. Um den Mangel der begrenzten Leistungsreserve auszugleichen, sind zwei verschiedene Startarten vorgeschlagen worden:

1. Der Rückwärtsstart bis zu einer Höhe, von der aus der Vorwärtsflug mit einem Motor aufrechterhalten werden kann.
2. Der Senkrechtstart bis zu einer Höhe, von der aus die Vorwärtsgeschwindigkeit mit einem Motor erreicht und aufrechterhalten werden kann.

Es wird notwendig sein, die Hubschrauberflughäfen der nächsten Jahre noch so anzulegen, daß Außenlandeflächen in ihrer Nähe vorhanden sind, da die zweimotorigen Typen diese bei Motorausfall zunächst noch genauso benötigen wie die einmotorigen.

Diese Forderung dürfte später wieder entfallen, wenn die obengenannte Starttechnik verbessert wird und wenn zweimotorige Hubschrauber jederzeit in der Lage sind, auch mit einem Triebwerk sicher zu schweben. Sofern neben mehrmotorigen auch einmotorige Hubschrauber weiterhin eingesetzt werden, müßten solche Notlandeflächen in den Anflugsektoren bestehenbleiben.

Zur Vermeidung von Turbulenzerscheinungen ist es wichtig, daß sich der Hubschrauber über einem möglichst gleichmäßig bebauten bzw. bepflanzten Gelände bewegt. Auf die Forderung, die Start- und Landefläche und den Anflugsektor nach der Hauptwindrichtung zu orientieren, wurde bereits hingewiesen.

Tab. 1 gibt Richtwerte für Fluggewicht und Nutzladefähigkeit der heutigen und zukünftigen Hubschrauber, wie sie für die nachfolgenden Untersuchungen von Bedeutung sind.

Tabelle 1. *Fluggewicht und Nutzladefähigkeit von zukünftigen Hubschraubern* (Nach Port of New York Authority)

		1955	1960	1965	Zukunft
Max. Fluggewicht des Hubschraubers in kg	Planmäßiger Verkehr	6 800	20 000	23 000	23 000
	Sonstiger Verkehr	6 800	9 000	11 500	11 500
Max. Sitzplatzzahl	Planmäßiger Verkehr	15	50	60	60
	Sonstiger Verkehr	15	22	27	30
Nutzladefähigkeit in kg	Planmäßiger Verkehr	1 350	4 500	5 500	5 500

II. Die Möglichkeiten für eine zweckmäßige Raumlage

Hinsichtlich der Raumlage von Hubschrauberflughäfen sind folgende Faktoren zu beachten: 1. Nächste Nachbarschaft zu Verkehrsschwerpunkten. — 2. Ausreichende Hindernisfreiheit der Anflugsektoren sowie Außenlandeflächen nach Bedarf. — 3. Rücksichtnahme auf die Umgebung im Hinblick auf Belästigung durch Geräusch und Blaswirkung. — 4. Keine störende Überschneidung mit Starrflüglerverkehr. — 5. Tragbare Anlagekosten.

Bei der Standortwahl von Hubschrauberflughäfen im Bereich der städtischen Bebauung werden sich die meisten Probleme der allgemeinen Flughafenplanung für Starrflügelflugzeuge, jedoch häufig in komplizierterer Form wiederholen, und eine Reihe zusätzlicher Probleme in enger Verbindung mit Fragen der Stadtplanung wird hinzutreten.

Bei der Planung der Flughäfen für Starrflügler besteht in bezug auf die Lage zum Stadtkern ein verhältnismäßig reichlicher Spielraum, etwa im Rahmen zwischen 5 und 15 km, je nach Bedeutung des Flughafens und den besonderen örtlichen Gegebenheiten. Im Gegensatz dazu ist eine möglichst geringe Entfernung des Hubschrauberflughafens vom verkehrlichen Schwerpunkt des Stadtgebietes eine grundlegende Forderung, die für den späteren Verkehrsumfang ausschlaggebend sein kann. Auch nur geringfügige Vergrößerungen dieser Entfernung um einige 100 m können in dieser Hinsicht ungünstigen Einfluß ausüben.

In den besonderen Auflagen zu den Richtlinien des Bundesministers für Verkehr über die Anlage von Hubschrauberflughäfen ist unter anderem gesagt, daß für Flüge mit einmotorigen Hubschraubern über bebautem Gelände der Flugweg so festzulegen ist, daß eine Landung in Notfällen ohne Gefährdung der öffentlichen Sicherheit durchgeführt werden kann. Der Einsatz von einmotorigen Hubschraubern ist nur dann gestattet, wenn beim Überfliegen von Stadtgebieten ein vorher fest-

Abb. 3. Hubschrauberflughafen Maastricht, Anflugwege

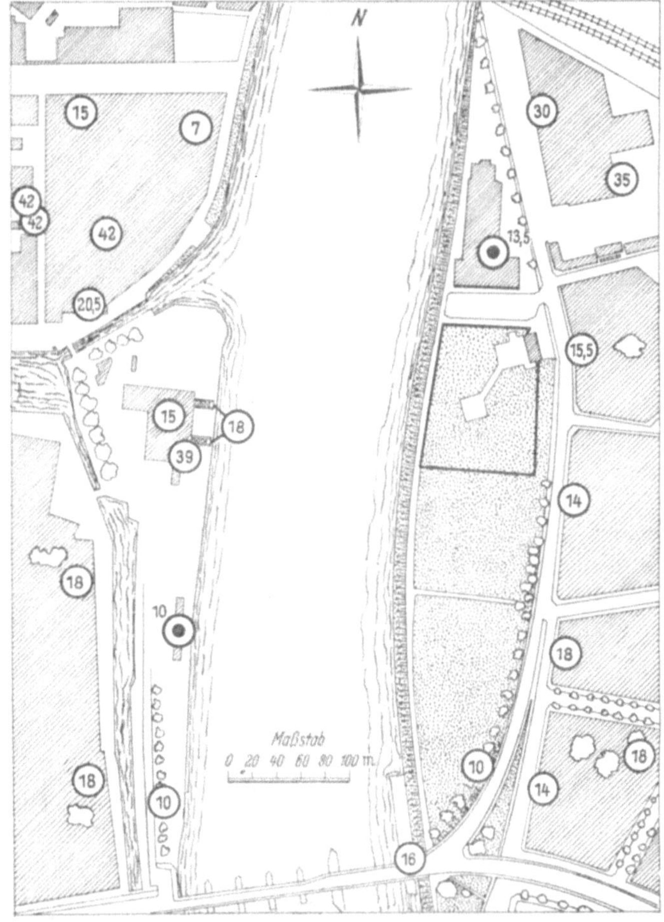

Abb. 4. Hubschrauberflughafen Maastricht, Lageplan

gelegter Flugweg eingehalten wird und dieser so ausgewählt ist, daß er der eingangs gestellten Forderung nach der Möglichkeit einer gefahrlosen Landung in Notfällen entspricht.

Der Flugweg über dem Stadtgebiet und die Lage des Platzes ist in Planunterlagen, ähnlich wie dies in den Abb. 3—6 für die Hubschrauberflughäfen Maastricht und Lille[1] gezeigt ist, festzuhalten. Solche Unterlagen gehören zum Genehmigungsverfahren des Hubschrauberflughafens. Man wird den Flugweg, um in Notfällen eine Landung zu ermöglichen, entweder über einen Flußlauf, breite Eisenbahnstrecken, Parkanlagen oder dergleichen führen. Kreuzt der Anflug-

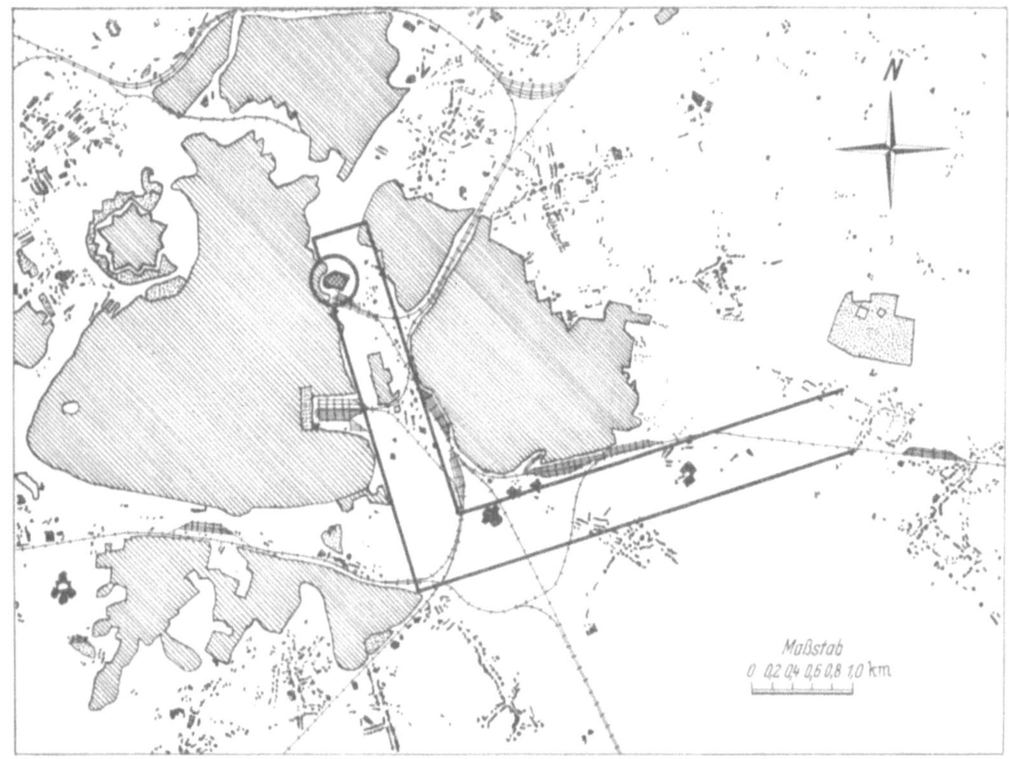

Abb. 5. Hubschrauberflughafen Lille, Anflugwege

sektor Verkehrsstraßen oder andere durch erdgebundene Verkehrsmittel benutzte Flächen, dann sollte beachtet werden, daß der Hubschrauberverkehr keine Gefahr für den Bodenverkehr bildet. Es tritt in diesem Fall dasselbe Problem auf wie bei jedem Normalflughafen, bei dem die Startbahn so liegt, daß beim An- und Abflug in geringen Höhen über angrenzende Straßen hinweggeflogen werden muß.

Die Stadtverwaltungen müssen darauf bedacht sein, in den Bebauungsplänen Platz für die Anlage von Hubschrauberflughäfen freizuhalten. Im Zusammenhang damit müssen geeignete Anflugwege über dem Stadtgebiet festgelegt und gesichert werden. Die Entstehung von neuen Flughindernissen in diesen Flugwegen ist weitgehend zu unterbinden. Nicht vermeidbare bzw. vorhandene Hindernisse sind entsprechend zu kennzeichnen.

Die Frage der Lärmbekämpfung, die mit der Entwicklung der Strahltriebwerke ganz allgemein auf den Flughäfen erhöhte Bedeutung bekommen hat, ist für die Anlage von Hubschrauberflughäfen innerhalb des Stadtgebietes naturgemäß von noch größerer Wichtigkeit. Bei der Standortwahl im inneren Stadtbereich wird in der Regel auch die Grund-

---

[1] Nach Flugwegkarten der Sabena

stücksfrage, insbesondere im Hinblick auf die Grundstückspreise, eine erhebliche Rolle spielen.

Die Verkehrsbedürfnisse und die Betriebserfordernisse des Hubschraubers bilden gemeinsam die Grundlage für die Bestimmung der Größe des Landeplatzes. Sie beeinflussen sich gegenseitig und sind daher in Verbindung miteinander zu betrachten. Erfordert die flugbetriebliche Seite ein zu großes Gelände für Start und Landung, so wird die Errichtung des Hubschrauberflughafens im engeren Stadtgebiet oft praktisch unmöglich. Wird der Landeplatz andererseits vom Stadtzentrum weg nach einem freien Gelände ausreichender Größe verlegt, so wird unter Umständen wegen der zu großen Entfernung das Verkehrsaufkommen nicht mehr ausreichend groß sein, um einen wirtschaftlichen Flugbetrieb zu gewährleisten. Es ist daher ein sinnvoller Ausgleich zwischen diesen beiden Grundforderungen anzustreben.

Die bereits erwähnten meteorologischen und klimatischen Untersuchungen müssen sich auch auf die Rauch- und Rußbildung über den Industriegebieten der Städte erstrecken. Die etwaige Verschlechterung der Sichtverhältnisse über dem Stadtkern durch Rauch- und Dunstbildung muß eingehend studiert werden. Konnte man diesem negativen Moment bei der Raumlage der Flughäfen für Starrflügler durch Anordnung auf der Luvseite des Stadtrandes erfolgreich begegnen, so muß der Hubschrauber die unter Umständen erschwerten Sichtbedingungen über dem Stadtgebiet ständig in Kauf nehmen.

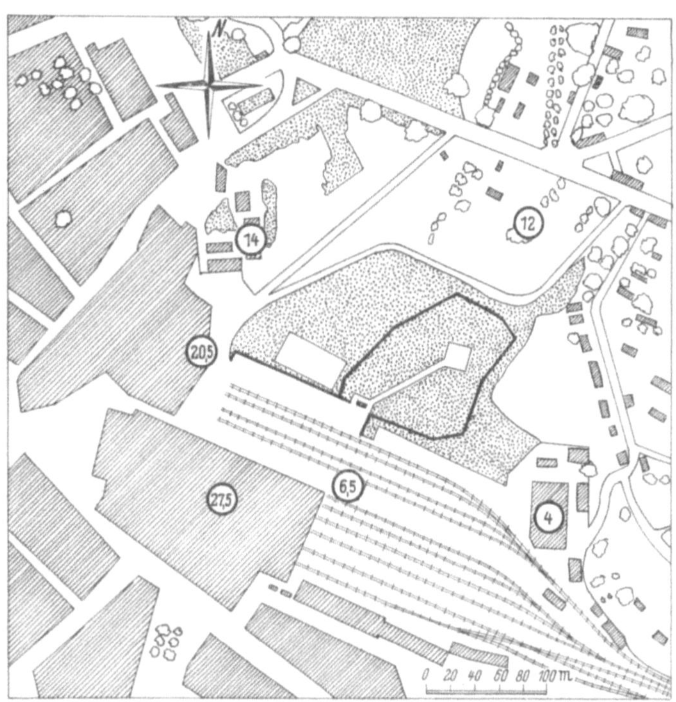

Abb. 6.   Hubschrauberflughafen Lille, Lageplan

Es ist daher·erforderlich, der Verschmutzung der Luft und ihren Ursachen nachzugehen und den etwaigen schädigenden Einfluß auf den Hubschrauberflugbetrieb rechtzeitig festzustellen.

III. Hindernisfreiheit für den An- und Abflug

Der Bundesminister für Verkehr hat Richtlinien herausgegeben, die für seine Zustimmung zur Genehmigung von Geländen für den Betrieb mit Hubschraubern maßgebend sind. Da die in § 10a des Luftverkehrsgesetzes festgelegten Baubeschränkungen für den allgemeinen Flugbetrieb für Hubschrauber nicht in vollem Umfange notwendig sind, gelten in Anwendung des § 10b folgende Festlegungen:

Die untere Grenze des hindernisfrei zu haltenden Bereiches darf nicht steiler sein als

<blockquote>

a) im Hauptanflugsektor 1 : 5,

b) in den übrigen Anflugsektoren 1 : 2.
</blockquote>

Die Neigungsfläche schließt an die Außenkante der Start- und Landefläche in deren Gesamtbreite zuzüglich Freiflächen an, und verläuft im Fall a) bis zu einer Entfernung von 500 m, b) bis zu einer Entfernung von 200 m.

Der Öffnungswinkel für den Hauptanflugsektor soll auf beiden Seiten 15° betragen. In Abb. 7 sind die Bestimmungen des BMV zeichnerisch dargestellt.

Die Arbeitsgemeinschaft Deutscher Verkehrsflughäfen hat sich schon im Jahre 1951 mit den Fragen der Platzgröße sowie der Hindernisfreiheit von Hubschrauberflughäfen befaßt und später in Zusammenarbeit mit der Deutschen Studiengemeinschaft Hubschrauber entsprechende Vorschläge ausgearbeitet. Die Vorarbeiten und Vorschläge von Dr. Treibel führten zu den vorerwähnten Richtlinien des Bundesministers für Verkehr.

Im Ausland befaßt man sich schon lange mit der Frage des Luftverkehrs mit Hubschraubern, und es sind dort auch viele Festlegungen hinsichtlich der Hindernisfreiheit der Anflug-

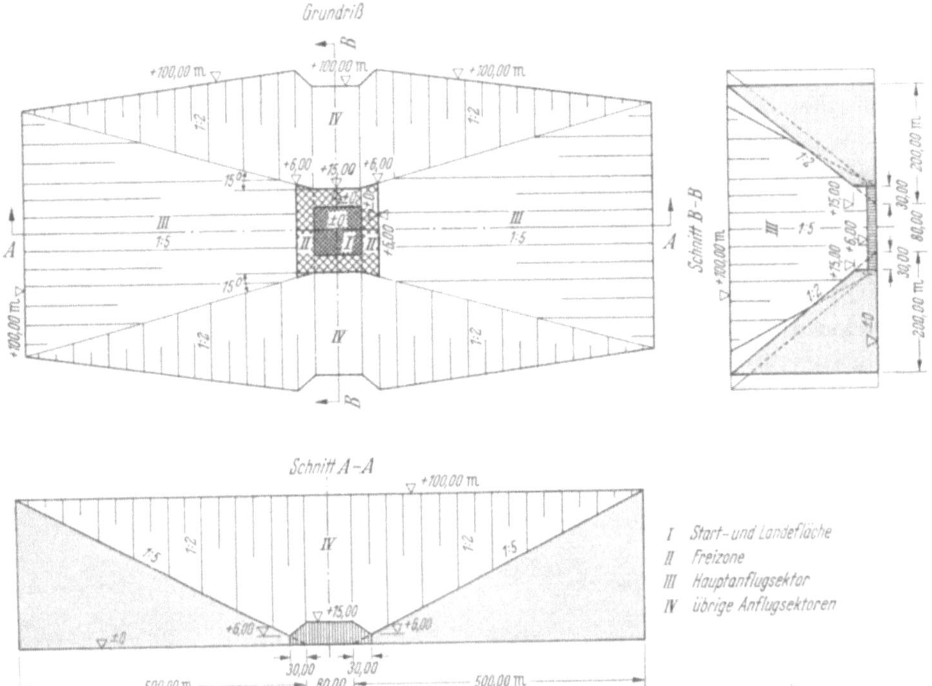

Abb. 7. Bemessung und Hindernisfreiheit von Hubschrauberflughäfen nach den Richtlinien des Bundesministers für Verkehr

sektoren getroffen worden. Die Werte hierfür schwanken zwischen einem Winkel von 1,4 : 1 = 35° und 20 : 1 = etwa 3°. Die Hindernisfreiheit muß selbstverständlich so groß sein, daß sowohl unter Sichtflugbedingungen (Visual Flight Rules = VFR) als auch Instrumentenflugbedingungen (Instrument Flight Rules = IFR) eine sichere Anflugmöglichkeit vorhanden ist. Auf der anderen Seite sollte der Winkel nicht zu flach sein, um keine zu großen Eingriffe in der Flughafenumgebung vornehmen zu müssen. Sollten die Leistungen der zukünftigen Hubschrauber zu sehr vom vertikalen Start und ebensolcher Landung abweichen, dann wird die Anordnung von Hubschrauberflughäfen in dicht besiedelten Stadtgebieten unmöglich.

Es ist deshalb wichtig, die hindernisfreie Neigung des Anflugsektors in einem vernünftigen Rahmen zu halten. Nach neueren amerikanischen Vorschlägen[1] soll diese sowohl unter VFR- als auch IFR-Bedingungen 8 : 1, das heißt etwa 7° betragen. Wenn Hubschrauber in einer Neigung von 8 : 1 nicht sicher an- und abfliegen können, bieten sie nur einen geringen Vorteil gegenüber den Starrflüglern, die in einer Neigung von etwa 20 : 1 starten und landen können. Eine Neigung von 8 : 1 würde ein noch tragbares Maß von Einschränkungen im

[1] Heliport location and design. The Port of New York Authority, New York, Mai 1955.

umliegenden Gelände ergeben. Auf der anderen Seite ist festzustellen, daß je steiler der Steig- oder Gleitwinkel ist, eine desto geringere Beeinflussung der Umgebung durch das Hubschraubergeräusch auftritt. Die Forderung bezüglich eines vertikalen Sicherheitsabstandes würde zu einer tatsächlichen Anflugneigung von etwa 6 : 1 führen. Dies würde eine ähnliche Sicherheitshöhe über den Hindernissen ergeben wie es bei den Starrflüglern der Fall ist bei einem Anflug in der Neigung 20 : 1 über einer 40 : 1 hindernisfreien Anflugebene. Die Neigung 8 : 1 würde allerdings voraussetzen, daß der Anflugsektor, soweit notwendig, Außenlandeflächen vorsieht, auf die bereits hingewiesen wurde. Es ist anzunehmen, daß die Neigung des Anflugsektors in Zukunft auf den Wert von etwa 4 : 1 (14°) erhöht werden kann.

Übergangsbezugsflächen von der seitlichen Begrenzung der Landefläche und dem Anflugsektor sollten 2 : 1 (etwa 25°) Neigung besitzen.

Infolge der geringeren Geschwindigkeit beim Anflug und der vergleichsweise großen Genauigkeit, mit der Hubschrauber geführt werden können, werden Anflugsektoren geringerer Breite benötigt als für Starrflügler. Sollte die Lage des Hubschrauberflughafens eine Anordnung von Außenlandeflächen im Anflugsektor nicht zulassen, dann sollte die Neigung 1 : 20 betragen, so daß auch im Falle eines Motorenausfalls der Steigflug sicher fortgesetzt werden kann. Diese Bedingung könnte, wie unter I. ausgeführt, später entfallen.

In manchen Fällen wird es notwendig sein, eine gewisse Krümmung der Anflugzone festzulegen. Die gekrümmte Anflugzone sollte genauso breit sein wie der Standard-Anflugsektor. In Tab. 2 sind die Breiten und Neigungen der Anflugsektoren zusammengestellt, wie sie von der New-Yorker Hafenbehörde vorgeschlagen werden, wobei auch die zukünftige Entwicklung bereits Berücksichtigung findet.

Tabelle 2. *Bemessung und Neigung der Anflugsektoren von Hubschrauberflughäfen nach den Vorschlägen der Port of New York Authority*

		1955	1960	1965	Zukunft
Anflugsektorbreite an der Start- und Landefläche in m	Hubschrauberflughafen	60	90	90	90
	Hubschrauberlandeplatz	60	75	75	75
Begrenzung des Anflugsektors		Öffnungswinkel von 15° beiderseits bis 300 m Breite, von dort in dieser Breite gleichbleibend			
Neigung des Anflugsektors					
a) mit Notlandeflächen		1 : 8	1 : 8	1 : 6	1 : 6
b) ohne Notlandeflächen		1 : 20	1 : 8	1 : 6	1 : 4
Gekrümmter Anflugsektor Mindesthalbmesser (m)		200	200	200	200
Neigung der seitlichen Übergangsbezugsflächen des Anflugsektors		1 : 2	1 : 2	1 : 2	1 : 2

In Abb. 8 ist eine schematische zeichnerische Darstellung zu Tab. 2 gegeben.

Die IATA-Vorschläge zu dieser Frage sind im Doc. Gen./1948 niedergelegt und aus Abbildung 9 zu entnehmen. Sie weichen von den zuletzt genannten Vorschlägen insbesondere dadurch ab, daß sie in etwa 730 m Entfernung von der Start- und Landefläche auf eine Länge von etwa 230 m auf die sehr flache Neigung von 1 : 40 übergehen. Diese Forderung erscheint sehr einschneidend und dürfte in vielen Fällen sehr weitgehende Eingriffe in Flughafenumgebung und Stadtplanung mit sich bringen.

Vergleicht man die Richtlinien des Bundesministers für Verkehr mit den Vorschlägen der Port of New York Authority und der IATA, so zeigt sich, daß die ersteren schon auf die zukünftige Entwicklung abgestellt sind. Immerhin erscheint es erforderlich, bei der Anlage von Hubschrauberflughäfen vorläufig noch von etwas flacheren An- und Abflugneigungen auszugehen.

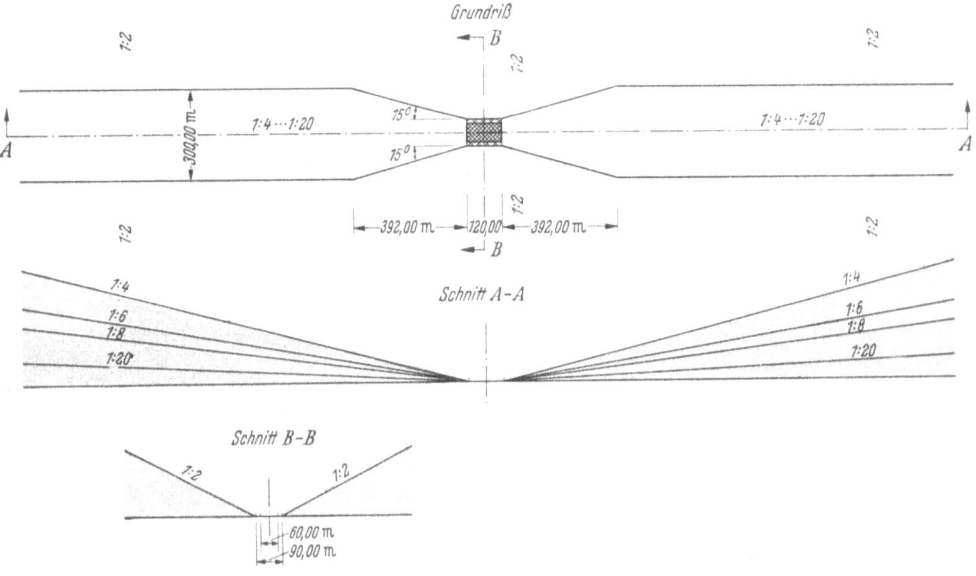

Abb. 8. Bemessung und Hindernisfreiheit von Hubschrauberflughäfen nach Vorschlägen der Port of New York Authority

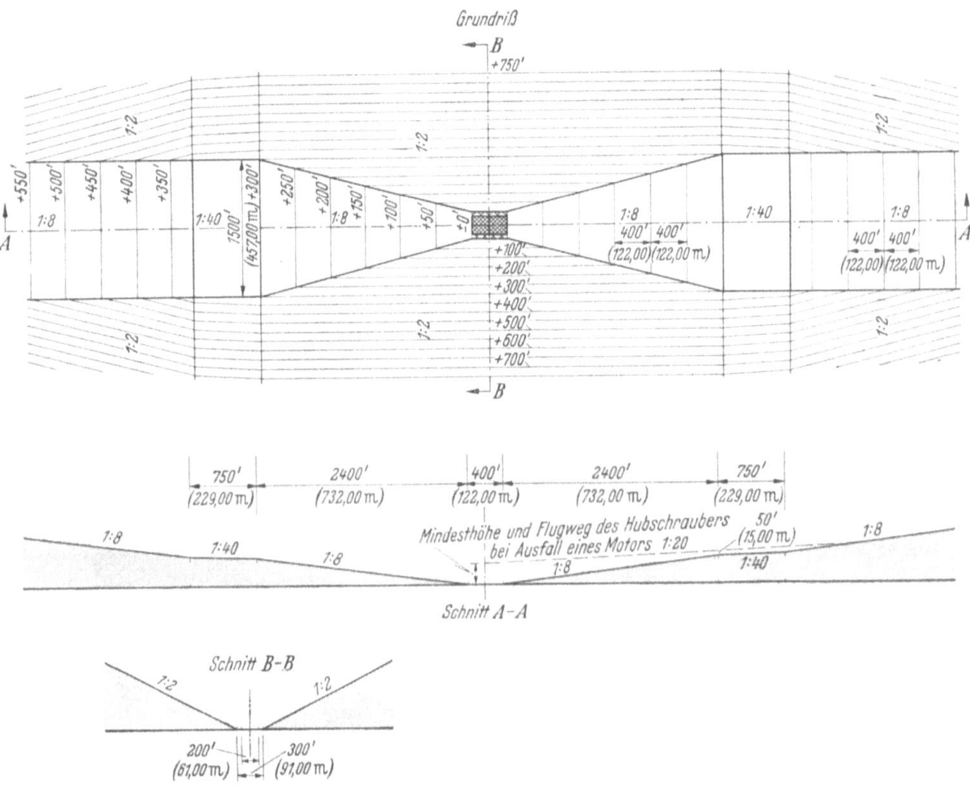

Abb. 9. Bemessung und Hindernisfreiheit von Hubschrauberflughäfen nach IATA Doc. Gen/1498

IV. Abmessungen und Gruppierung der Betriebsflächen

Die Größe der Start- und Landefläche für Hubschrauber ist von der Abmessung und den Flugeigenschaften des eingesetzten Typs und vom Verkehrsumfang abhängig. Grundsätzlich sollen vom verkehrlichen Gesichtspunkt aus zwei Kategorien unterschieden werden: a) Hubschrauberflughäfen; — b) Hubschrauberlandeplätze.

Zu a) sind Hubschrauberflughäfen des planmäßigen Verkehrs mit bedeutendem Verkehrsumfang und Hubschraubertypen bis zu den größten Mustern zu rechnen, zu b) kleinere Plätze des planmäßigen Verkehrs mit geringerer Frequenz sowie die privaten Hubschrauberplätze.

Über die benötigte Größe der Start- und Landefläche sind in den letzten Jahren im In- und Ausland eine Reihe von Vorschriften erlassen und Vorschlägen gemacht worden.

Die ursprüngliche Annahme, daß eine Fläche von dem 1,5fachen des Rotordurchmessers für die Durchführung von Start und Landung genügt, ist im planmäßigen Einsatz des Hubschraubers im Personenverkehr nicht aufrecht zu halten.

In den vom Bundesminister für Verkehr 1953 herausgegebenen „Voraussetzungen für die Zustimmung zur Genehmigung von Luftfahrtgeländen für Hubschrauber" ist hinsichtlich der Größe folgendes gesagt:

a) Hubschrauberflughäfen. Start- und Landeflächen nicht kleiner als 80×80 m und seitliche Freizonen von 30 m Breite.

b) Hubschrauberlandeplätze. Start- und Landeflächen nicht kleiner als 50×50 m[1] mit seitlichen Freizonen von 15 m Breite.

Die britischen Mindestforderungen schwanken je nach dem eingesetzten Hubschraubertyp zwischen 46×46 und 120×120 m.

Der zweimotorige Hubschrauber bietet wohl in Zukunft mehr Sicherheit im Betrieb, erfordert jedoch auch mehr Platz auf der Start- und Landefläche. Geht man davon aus, daß die Landefläche eine ständige Start- und Landemöglichkeit für einen Hubschrauber und für einen weiteren eine Abstellmöglichkeit bieten soll, so erscheint als Mindestausdehnung für den Personenverkehr mit zweimotorigen Hubschraubern eine Fläche von etwa 60×120 m erforderlich.

Für die Abmessung der Start- und Landeflächen auf Dächern von Gebäuden oder besonders errichteten Plattformen gelten an sich die gleichen Grundsätze. Gegebenenfalls ist man allerdings von der Größe von vorhandenen in Frage kommenden Häuserblocks abhängig. Bei der üblichen langgestreckten rechteckigen Form der Bauwerke muß darauf geachtet werden, daß die Hauptwindrichtung mit der Längsachse des Gebäudes zusammenfällt. Bei vorherrschenden Winden in mehreren Richtungen muß sich die Start- und Landefläche der quadratischen Form annähern, was in der Regel infolge zusätzlichen umbauten Raumes und der Notwendigkeit künstlicher Belichtung usw. höhere Baukosten verursacht.

Die Größe der Abstellflächen wird beträchtlich variieren, je nachdem, ob das Flugzeug sich mit eigener Kraft bewegt oder durch ein Zuggerät an seinen Standort gebracht wird. Für große Verkehrshubschrauber kommt ein gesonderter Antrieb ihrer Fahrwerksräder in Frage zur Verbesserung ihrer Rollmöglichkeit mit eigener Kraft.

Die Zahl der Abstellplätze wird durch den Verkehrsumfang des Hubschrauberflughafens und die mittlere Aufenthaltszeit bestimmt. Man kann annehmen, daß besonders die begrenzte Fläche auf Dachflughäfen dazu beitragen wird, die Aufenthaltszeit beträchtlich zu reduzieren. Man rechnet damit, daß die Aufenthaltszeit 6—12 Minuten nicht übersteigen wird. Trotzdem sollte Abstellmöglichkeit für mindestens einen flugunklaren Hubschrauber unbedingt geschaffen werden.

---

[1] Nach den neueren Erfahrungen für Personentransport nicht zu empfehlen. In diesem Fall nicht kleiner als 80×80 m.

4*

In Tab. 3 sind die nach amerikanischer Auffassung erforderlichen Größen der Start- und Landeflächen sowie die Anzahl und Größe der Standplätze nach dem heutigen Stand und der zukünftigen Entwicklung aufgeführt.

Tabelle 3. *Abmessungen von Hubschrauberflughäfen nach dem Vorschlag der Port of New York Authority*

	1955	1960	1965	Zukunft
Größe der Start- u. Landefläche Hubschrauberflughafen	30 × 30 m[1]	60 × 120 m	60 × 120 m	60 × 120 m
Größe der Start- und Landefläche Hubschrauberlandeplatz	30 × 30 m[1]	45 × 90 m	45 × 120 m	45 × 120 m
Zahl der Standplätze Hubschrauberflughafen[2]	4	4	4	5
Abstellfläche-Hubschrauberflughafen				
a) Rollen mit Zuggerät	—	26 × 41 m	26 × 41 m	26 × 41 m
b) Rollen mit eigener Kraft	24 × 37 m	30 × 48 m	30 × 48 m	30 × 48 m
Abstellfläche-Hubschrauberlandeplatz Rollen mit eigener Kraft	18 × 18 m	18 × 33 m	18 × 33 m	26 × 41 m

[1] Muß bei Hochlage mit Rücksicht auf das notwendige Luftkissen vergrößert werden.
[2] Eventuell dazu noch einen Standplatz für einen unklaren Hubschrauber.

Für die Entscheidung, ob ein Hubschrauberflughafen zu ebener Erde oder auf einem Dach anzulegen ist, sind eine Reihe von Faktoren maßgebend. In der nachfolgenden Zusammenstellung sind die Vor- und Nachteile dieser beiden Möglichkeiten verglichen.

Die Vorteile eines ebenerdigen Hubschrauberflughafens sind folgende:

1. Es entstehen im allgemeinen wesentlich geringere Herstellungskosten als für Dachflughäfen.
2. Der ebenerdige Hubschrauberflughafen gestattet eine bessere Ausnutzung des Luftraumes zwischen Boden und Wolkenuntergrenze, insbesondere unter IFR-Bedingungen.
3. Der ebenerdige Hubschrauberflughafen bietet dem Fußgänger den kürzesten Weg vom öffentlichen Verkehrsmittel zum Hubschrauber.
4. Am Boden bieten sich günstigere Möglichkeiten für die Unterbringung von Tankanlagen. Auch kann hier eher auf vorhandene öffentliche Versorgungsanlagen zurückgegriffen werden als auf einem Dachflughafen.

Die Vorteile eines Dachflughafens für den planmäßigen Verkehr sind demgegenüber folgende:

1. Dachflughäfen werden meist sehr verkehrsgünstig im Stadtzentrum liegen. Die dort sehr hohen Bodenpreise wirken sich nicht in vollem Umfang auf den Dachflughafen aus, weil das Gebäude auch noch anderweitig genutzt werden kann. Es besteht auch, allerdings nur mit hohen Kosten, die Möglichkeit, ein Stockwerk unter der Start- und Landefläche für Abstellzwecke zu benutzen und die Hubschrauber mit Aufzügen zu transportieren.
2. Beim Dachflughafen wird im allgemeinen durch die Hochlage an sich eine gute Hindernisfreiheit in den Anflugsektoren erreicht, und es besteht automatisch ein gewisser Schutz gegen die Errichtung störender Hindernisse, ohne daß weitgehende Beschränkungen festgelegt werden müssen.
3. Der Start im Bereich des Dachflughafens wird im allgemeinen weniger unter Turbulenzerscheinungen leiden als der Flug in Bodennähe, da in dieser Höhe die umgebenden Hindernisse im allgemeinen ohne oder von geringem Einfluß sind.

Nach den Untersuchungen der Port of New York Authority wird für einen Hubschrauberflughafen eine Tankanlage mit drei gleichzeitig zu bedienenden Standplätzen vorgeschlagen mit einer Leistung von je 350—400 l pro Minute. Die Größe der Tanks wird von den örtlichen Verhältnissen abhängen.

Der Luftstrom des Rotors wird bei zukünftigen Hubschraubern eine Geschwindigkeit von etwa 100 km/h erreichen. Der nach unten wirkende Strahl der rotierenden Blätter beim Schweben wird sich bis auf eine Entfernung von etwa 75 m bemerkbar machen. Diese Blaswirkung kann die ganze nähere Umgebung der Start- und Landefläche beeinflussen, wenn keine besonderen Vorkehrungen zur Dämpfung oder Ablenkung getroffen werden. Wenn sich der Hubschrauber zum Beispiel mit eigener Kraft an einen Abstellplatz bewegt, kann der Rotorstrahl möglicherweise einen Schutz der Fluggäste notwendig machen.

In den Abb. 4, 6 und 10 sind die Lagepläne der in Betrieb befindlichen Hubschrauberflughäfen Maastricht, Lille und Bonn wiedergegeben. Die Zahlen im Kreis geben die Höhe der Flughindernisse in der Umgebung des Platzes an. Abb. 11

Abb. 10. Hubschrauberflughafen Bonn, Lageplan

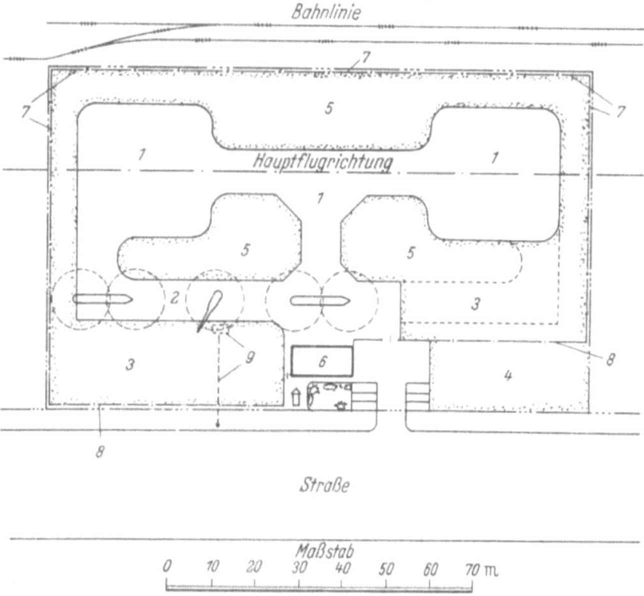

Abb. 11. Gestaltung eines Hubschrauberflughafens nach dem Vorschlag der Port of New York Authority

zeigt die Gestaltung eines Hubschrauberflughafens nach dem Vorschlag der Port of New York Authority.

Der Hubschrauberflughafen wird sowohl unter IFR- als auch VFR-Bedingungen eine Bewegungskontrolle benötigen. Man wird hier ähnliche Einrichtungen wählen können wie beim Starrflüglerbetrieb. Die Notwendigkeit eines Kontrollturms wird von der Zahl der Flugbewegungen abhängen. Hubschrauberlandeplätze werden keine besonderen Kontrolleinrichtungen erfordern. Vorläufig dürfte im allgemeinen eine Fernsprechverbindung zu den nächstgelegenen Flugsicherungs- und Wetterdienststellen ausreichen.

V. Fragen der Bewegungskontrolle und Trennung der Flugstraßen für Hubschrauber und Starrflügler

In Bereichen dichten Luftverkehrs ist eine Trennung der Flugstraßen für Hubschrauber und Starrflügler erforderlich. Der Hubschrauber, der nur für den Kurzstreckendienst in Frage kommt, hat im allgemeinen eine geringere Geschwindigkeit als der Starrflügler. Diese erlaubt ihm Flüge bei geringer Wolkenhöhe und Sichtweite. Der Hubschrauber kann deshalb oftmals noch einen Flug mit Bodensicht durchführen, wenn alle Starrflügler schon unter IFR-Bedingungen fliegen.

Im Flughafenbereich müssen sich die Hubschrauber mit Rücksicht auf die Geräuschbelästigung der Umgebung in oder über einer Mindestflughöhe bewegen. Die Bewegungskontrolle des Hubschrauberverkehrs im Flughafenbereich muß verhältnismäßig einfach sein, so daß auch private Reiseflugzeuge die Flugstraßen für Hubschrauber in einem sehr verkehrsstarken Bereich durchfliegen können. Die Landehilfen für einen Hubschrauberflughafen müssen so entworfen werden, daß sie ein genaues Heranführen an eine kleinste Landefläche ermöglichen.

Auf der Strecke werden die Hubschrauber die Luftstraßen der Starrflügler in niedrigeren Höhenbereichen benutzen können und bei der Annäherung an die Flughafenbereiche auf die besonderen Luftstraßen für Hubschrauber übergehen.

Auf einem gemeinsamen Flughafen kann der Hubschrauber eine Überschneidung mit dem Starrflüglerverkehr oftmals nicht vermeiden. Bei einer guten Bewegungskontrolle einschließlich Radarhilfe wird sich die Gefahr aus dieser Überschneidung jedoch auf ein Minimum beschränken, wenn man die Schlechtwetterlandebahn in einem rechten Winkel kreuzt. Abb. 12 zeigt einen dementsprechenden Vorschlag. In diesem Fall der gemeinsamen

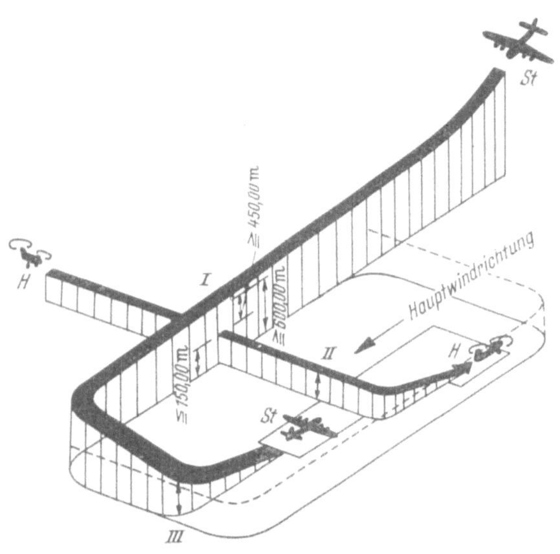

Abb. 12. Trennung der Flugstraßen für Hubschrauber und Starrflügler (nach Piasecki)

Benutzung muß der Starrflügler infolge seiner höheren Ansprüche an den Luftraum Priorität erhalten.

Nach Auffassung der Port of New York Authority kann die 16 km breite Luftstraße der Starrflügler für Hubschrauberzwecke auf etwa 1,6 km Breite verringert werden. Im engeren Flughafenbereich müßte die Hubschrauberflugstrecke noch schmäler werden.

Ein Flug mit Hubschraubern unter Sichtbedingungen (VFR) mit einer Mindestwolkenhöhe von 150 m und einer Sichtweite von etwa 800 m erscheint für die mittelgroßen Hubschrauber des planmäßigen Verkehrs durchaus möglich, wenn die Streckenführung auf die Geräuschbelästigung Rücksicht nimmt und mit Notlandegeländen versehen ist.

Die Wettererhebungen im Raume New York haben beispielsweise ergeben, daß eine Wolkenhöhe von 150 m Höhe bei einer Sichtweite von 800 m oder weniger an 5,1% aller Beobachtungstage auftritt. Bei 120 m Wolkenhöhe ist der Prozentsatz 4,0 und bei 90 m Wolkenhöhe 3,0.

Andere Wetterfaktoren, zum Beispiel hohe Windgeschwindigkeiten oder Vereisungsgefahren, könnten den Betriebswert eventuell noch etwas ermäßigen. Die notwendige Unabhängigkeit von den Wetterbedingungen kann nur durch die baldige Entwicklung von zuverlässigen Navigations- und Landehilfen erreicht werden.

Im planmäßigen Luftverkehr mit Starrflügelflugzeugen sind Schlechtwetterflüge (IFR) nur mit mehrmotorigen Flugzeugtypen gestattet. Diese Festlegung sollte auch auf den planmäßigen Hubschrauberverkehr angewandt werden. Daraus läßt sich schließen, daß Instrumentenflüge mit Hubschraubern erst dann in Frage kommen, wenn mehrmotorige Hubschrauber planmäßig eingesetzt werden können, was etwa im Jahre 1960 der Fall sein dürfte.

Ein Luftverkehr mit Hubschraubern unter Schlechtwetterbedingungen muß in derselben Weise überwacht und durchgeführt werden wie beim Starrflüglerverkehr.

Sind diese Voraussetzungen gegeben, dann ist damit zu rechnen, daß die Minima unter denen für die Starrflügler liegen werden. Ein reiner Blindflug kann allerdings erst erreicht werden, wenn es Hubschrauber gibt, die mit einem ausgefallenen Motor noch sicher fliegen

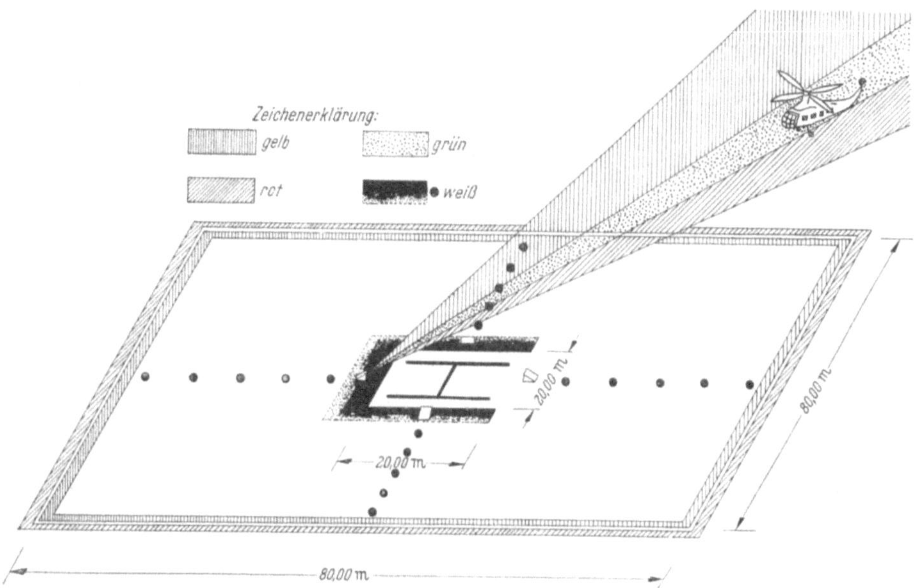

Abb. 13. Vorschlag für die Befeuerung eines Hubschrauberflughafens (Siemens)

können. Die Bedingungen für den Endanflug eines Hubschrauberflughafens sind durch steilere Anflugwinkel und gegebenenfalls gekrümmte Anflugrichtungen sowie kleine Landeflächen gekennzeichnet. Funkelektrische Landehilfen und Sichthilfen werden für das Endstadium der Landung und des Starts benötigt werden, genauso wie bei den Starrflüglern. In Abb. 13 ist ein Vorschlag für die Befeuerung eines Hubschrauberflughafens dargestellt.

VI. Die Leistungsfähigkeit von Hubschrauberflughäfen

Unter Schlechtwetterbedingungen (IFR) kann heute noch kein Flugbetrieb mit Hubschraubern durchgeführt werden. Die vom Bundesminister für Verkehr herausgegebenen Richtlinien beziehen sich daher auch ausschließlich auf die Benutzung der Gelände unter Sichtflugregeln (VFR).

Für den jetzigen Flugbetrieb und auch noch für die nächste Zukunft kann man annehmen, daß der Hubschrauberflughafen unter VFR-Bedingungen eine ähnliche Zahl von Flugbewegungen aufnehmen kann, wie das auf den Startbahnen von Normalflughäfen der Fall ist. Wenn ein Flugbetrieb mit Hubschraubern unter IFR-Bedingungen praktisch wird, wird sich die Zahl der Flugbewegungen pro Stunde schnell an diejenige der Starrflügler unter IFR-Bedingungen angleichen oder diese übertreffen.

Da das Abstellen von Hubschraubern auf Dachflughäfen aus Platzgründen nach Möglichkeit vermieden werden sollte, müßten die Flugpläne entsprechend gestaltet werden. Dies bedingt jedoch auf der anderen Seite wieder reine Erdflughäfen mit bevorzugten Abstellmöglichkeiten.

Aus den Werten von Tab. 4 läßt sich im Zusammenhang mit der zu erwartenden Verkehrsfrequenz ableiten, ob ein Hubschrauberflughafen für das Stadtgebiet ausreicht, oder ob mehrere erforderlich sind. Der letztere Fall könnte, unabhängig von der Leistungsfähigkeit des Hubschrauberflughafens auch dann eintreten, wenn es sich um Städte sehr großer Flächenausdehnung handelt.

Tabelle 4. *Leistungsfähigkeit von Hubschrauberflughäfen in der Spitzenstunde*

		1955	1960	1965	Zukunft
Zahl der Hubschrauberbewegungen[1] in der Spitzenstunde	VFR-Bedingungen	40	40	40	50
	IFR-Bedingungen	—	40	40	50

[1] Eine Bewegung = ein Start oder eine Landung.

VII. Tragfähigkeit und Konstruktion der Start- und Landeflächen

1. Belastungsannahmen

Über die auf die Start- und Landeflächen wirkenden Lasten aus den Fahrwerken der Hubschrauber liegen bereits gewisse Erkenntnisse vor. Dr. Just hat die Frage im Auftrag der Deutschen Studiengesellschaft Hubschrauber behandelt und Vorschläge für die bei der Dimensionierung von freitragenden Flächen maßgebenden Lastannahmen gemacht.

Eine weitere Unterlage hierzu sind die Angaben der Civil Aeronautics Administration (CAA) in der Veröffentlichung: „Airport Design".

Nachfolgend werden die grundsätzlichen Gesichtspunkte für diese Belastungsannahmen dargelegt und die Auswirkungen in der Praxis behandelt.

Zum Unterschied vom Starrflügelflugzeug, bei dem das Flugzeug im Augenblick der Bodenberührung noch weitgehend von der Luft getragen wird und tatsächlich erst im Ruhezustand seine volle vertikale Last auf die Unterlage ausübt, muß beim Hubschrauber mit einer zusätzlichen dynamischen Beanspruchung auch in vertikaler Richtung beim Aufsetzen gerechnet werden. Selbstverständlich wird der Pilot stets anstreben, schon mit Rücksicht auf die Insassen und das Flugzeug selbst, möglichst stoßfrei aufzusetzen. Es muß jedoch damit gerechnet werden, daß der Hubschrauber unbeabsichtigt mit erheblicher Sinkgeschwindigkeit aufsetzt. Noch ungünstiger können die Verhältnisse dann werden, wenn kurz nach dem Start oder kurz vor der Landung durch Motorpanne, ausgesprochene Bedienungsfehler oder dergl. ein besonders hartes, stoßartiges Aufsetzen erfolgt.

Bei den Festigkeitsberechnungen des Fahrwerks und der Zelle von Hubschraubern werden in der Regel Sinkgeschwindigkeiten zwischen 3 und 4 m/sek zugrunde gelegt. Daraus ergibt sich, daß diese Konstruktionsteile etwa für die 2—3fachen statischen Lasten dimensioniert werden müssen. Mit Rücksicht auf die vorstehend erwähnten Ausnahmefälle, bei denen zwar die Fahrwerke vollkommen zu Bruch gehen können, die freitragenden Decken von Dachlandeplätzen aber noch ausreichend widerstandsfähig sein müssen, schlägt Just einen noch höheren Sicherheitsfaktor von n = 4 (entsprechend den im Bauwesen üblichen „Stoßzahlen") vor. Diese Stoßzahl von n = 4 entspricht auch den in der IATA-Hubschrauber-Konferenz in Puerto Rico 1953 vertretenen Ansichten.

Die Vorschläge der CAA weichen hiervon allerdings recht erheblich ab, da sie die Annahme einer konzentrierten Einzelradlast von nur $^3/_4$, die Herstellerwerke sogar nur $^7/_{10}$ des Flugzeuggewichts für ausreichend halten.

Über die Stoßzahl n = 4 hinaus, soll nach Just der Tatsache, daß das vollkommen gleichzeitige Aufsetzen der Räder nicht immer gewährleistet ist, dadurch Rechnung getragen werden, daß die eine Radlast um 30% höher, die andere 30% geringer angesetzt wird. Nimmt man an, daß das Gesamtgewicht „G" eines Hubschraubers sich auf 2 Fahrwerksbeine verteilt, so ist nach Just die auf die Start- und Landefläche wirkende vertikale maximale Einzelradlast

$$P_{max} = \frac{G}{2} \cdot 4 \left(1 + \frac{30}{100}\right) = 2,6\ G,\ \text{wobei gleichzeitig für das andere Fahrwerksbein}$$

$$P' = \frac{G}{2} \cdot 4 \left(1 - \frac{30}{100}\right) = 1,4\ G\ \text{anzusetzen wären.}$$

Dabei wäre auch von Fall zu Fall festzustellen, ob sich mit gleichmäßiger Belastung, also

$$P_{max} = P' = \frac{G}{2} \cdot 4 = 2,0\ G\ \text{für beide Räder etwa ungünstigere Beanspruchungen ein-}$$

zelner Konstruktionsteile ergeben.

Die Lastverteilungsflächen der Einzelräder sind eine Funktion des Reifeninnendruckes. Nach den ICAO-Empfehlungen sind die in Tab. 5 zusammengestellten Reifendrücke anzunehmen.

Mit einer weiteren Erhöhung der Reifendrücke muß gerechnet werden.

Die tatsächliche Reifenberührungsfläche F_A im Augenblick der höchsten Lasteinwirkung (Stoßzahl) ergibt sich somit, wenn die Höchstlast G_R je Rad durch den entsprechenden Reifendruck p geteilt wird, also zu $F_A = \dfrac{G_R}{p}$ in m² oder cm².

Die Form der Berührungsfläche ist in der Regel eine Ellipse.

Tabelle 5. *Einzelradlasten und Reifendrücke nach ICAO-Standards*

Klasse	Zulässige Einzelradbelastung in kg	Reifendruck p in kg/cm²
1	45 000	8,5
2	35 000	7,0
3	27 000	7,0
4	20 000	7,0
5	13 000	6,0
6	7 000	5,0
7	2 000	2,5

Für die Berechnung freitragender Start- und Landeflächen für Hubschrauber ist außer der Größe der einzusetzenden Radlasten auch deren seitlicher Abstand b_F (Spurweite) von Bedeutung. Dieser ist von Größe und Typ des Hubschraubers abhängig. Unter Zugrundelegung der Abmessungen bereits vorhandener und projektierter Muster kommt Just zu folgender Formel für die Berechnung des Abstandes

$$b_F = 1 + 3 \cdot \frac{G}{10\ 000}\ \text{(m)},$$

wobei das Gesamtgewicht des Hubschraubers G in kg einzusetzen ist.

Es kann damit gerechnet werden, daß kleinere Spurweiten, als sie sich nach dieser Formel ergeben, praktisch nicht vorkommen. Da größere seitliche Abstände der Räder fast immer günstigere statische Verhältnisse ergeben, brauchen sie im allgemeinen nicht berücksichtigt werden.

Außer den senkrechten Lasten, die für die Ausbildung und Dimensionierung der Dachdecken bzw. Plattformen für Hubschrauberplätze in erster Linie maßgebend sind, sind außerdem noch Horizontalkräfte H zu berücksichtigen, die sich durch die bei der Bodenberührung noch vorhandene Horizontalgeschwindigkeit des Flugzeugs bei der Landung ergeben. Die tatsächliche Größe dieser Horizontalkräfte ist stets eine Funktion der Reibung zwischen Reifen und Unterlage. Just nimmt einen Reibungskoeffizienten von $n = 0,75$ zwischen Gummireifen und einem trockenen und rauhen Bodenbelag, wie Beton, an. Dafür würde sich für die Seitenkräfte nach den ermittelten Vertikallasten je Rad jeweils das 0,75fache derselben, also:

$$H = 2,6 \cdot 0,75 \cdot G = 1,95\ G\ \text{bzw.}$$
$$1,40 \cdot 0,75 \cdot G = 1,05\ G,$$

insgesamt (für beide Räder) 3,0 G ergeben.

Im allgemeinen wird für die zu berücksichtigenden Horizontalkräfte nicht die anteilige Einzelradlast, sondern die gesamte wirksame horizontale Lastkomponente wesentlich sein. Für die Dimensionierung der freitragenden Konstruktionen für Hubschrauber-Start- und

Landeflächen selbst spielt sie kaum eine Rolle, sie ist jedoch für die Standfestigkeitsberechnung der stützenden Unterkonstruktionen, also von Gebäuden oder tragenden Rahmenkonstruktionen von Plattformen von Bedeutung. Auf ihre statisch-konstruktiven Auswirkungen in diesem Zusammenhang wird unter 2c noch näher eingegangen.

Die Port of New York Authority gibt die in Tab. 6 zusammengestellten Lastannahmen.

Tabelle 6. *Lastannahmen für Dachflughäfen nach Port of New York Authority*

	1955	1960	1965	Zukunft
Stoßlast je Hauptfahrwerk }-Hubschrauberflughafen	4 800	14 300	16 000	16 000
in kg }-Hubschrauberlandeplatz	4 800	6 350	8 000	8 000
Maximale Reifendrücke in kg/cm²	4,9	7,0	7,0	7,0
Einflußfläche der Stoßlast }-Hubschrauberflughafen	930	2 620	2 900	2 900
in cm² }-Hubschrauberlandeplatz	930	1 160	1 450	1 450

Zusammenfassend ist festzustellen, daß die Vorschläge von Just mit $P_{max} = 2,6$ G und die der CAA bzw. der Herstellerwerke mit $P_{max} = 0,75$ G bzw. $0,70$ G stark differieren. Dies liegt in der Hauptsache darin, daß Just — grundsätzlich mit Recht — ein besonders hohes Sicherheitsbedürfnis für freitragende Hubschrauber-Start- und Landeflächen über Gebäuden oder auf Plattformen über Verkehrsanlagen usw. unterstellt. Allerdings dürfte dabei die in den Konstruktionsteilen selbst vorhandene Bruchsicherheit, die gegenüber den zulässigen rechnerischen Beanspruchungen etwa das 2—4fache beträgt, zu wenig berücksichtigt sein. Im Gegensatz dazu dürften die Vorschläge der CAA und der Herstellerwerke die unterste Grenze darstellen.

Es kann nicht empfohlen werden, schon jetzt, ohne daß praktische Erfahrungen über längere Zeiträume hin vorliegen, an diese unterste Grenze heranzugehen. Es erscheint vielmehr richtig, zunächst das Sicherheitsbedürfnis voranzustellen und, falls sich dies aus der Praxis heraus als unbedenklich erweisen sollte, die Belastungsannahme allmählich zu reduzieren.

Das arithmetische Mittel zwischen den Vorschlägen nach Just und CAA würde $P_{max} = \dfrac{2,6 + 0,75}{2} \cdot$ G $= 1,675$ G ergeben. Es erscheint angemessen, für die praktische Anwendung zunächst von $P_{max} = 2,0$ G auszugehen und dem Problem im vorstehenden Sinne weiterhin besondere Aufmerksamkeit zu widmen.

Die entsprechende Horizontalkraft würde bei $P_{max} = 2,0$ G, $H_{max} = 2.0 \cdot 0,75$ G $= 1,50$ G betragen.

Damit ergibt sich folgende Zusammenstellung der entsprechenden Zahlenwerte:

Tabelle 7

Hubschrauber Muster	Abfluggewicht kg	Einzelradlast einschl. Stoßzuschlag		Reifendruck p kg/cm²	Reifen-berührungsfläche cm²
		Vertikal kg	Horizontal kg		
S 55	3 000	6 000	4 500	5,0	1 200
S 56	15 000	30 000	22 500	7,0	4 300
1	30 000	60 000	45 000	10,0	6 000

[1] Zukünftige Muster

Für unmittelbar auf dem Boden aufliegende Deckenbefestigungen von ebenerdigen Hubschrauberflughäfen liegt ein wesentlich geringeres Sicherheitsbedürfnis vor, da hier in keinem Falle zusätzliche Schäden und Gefahren entstehen können, wie dies bei freitragenden Decken über Gebäuden oder Verkehrsanlagen der Fall ist. Darüber hinaus ist auch die Wiederherstellung von gelegentlichen und örtlich begrenzten Beschädigungen solcher befestigten

Flächen bei weitem einfacher und weniger kostspielig als bei freitragenden Konstruktionen. Es dürfte somit hier genügen, mit der Hälfte der Lastannahmen für freitragende Decken zu rechnen.

Damit ergibt sich $P_{max} = \frac{1}{2} \cdot 2,0\ G = G$. Für Abstellflächen usw., auf denen keine Landestöße zu erwarten sind, ist ein Stoßzuschlag nicht erforderlich, so daß hier $P_{max} = 0,5\ G$ als ausreichende Lastannahme anzusehen ist.

2. Konstruktion der Start- und Landeflächen

a) Natürliche Befestigungen (Rasen)

Die einfachste und billigste, allerdings gegen Beanspruchungen aller Art auch am wenigsten widerstandsfähige Oberflächenbefestigung stellt die Rasenfläche dar. In gleicher Weise wie beim Starrflüglerbetrieb kann auch hier gesagt werden, daß auch gut verwurzelte und gepflegte Rasenflächen auf die Dauer nur für sehr niedrige Belastungsfrequenzen und nicht zu hohe Reifendrücke in Frage kommen. Auch in diesen Fällen muß jedoch damit gerechnet werden, daß die Rasenflächen unter ungünstigen Voraussetzungen hinsichtlich der Bodenart und der jahreszeitlich bedingten Witterungsverhältnisse durch den Betrieb beschädigt, bzw. an ein zelnen Stellen völlig zerstört werden können. Im übrigen bedarf auch die Frage der Staubentwicklung bei trockener Witterung auf Rasenplätzen besonderer Aufmerksamkeit. Zusammenfassend kann somit festgestellt werden, daß eine Rasenbefestigung für die eigentlichen Start- und Landeflächen sowie Rollwege nur in Ausnahmefällen in Frage kommen wird.

b) Künstliche Befestigungen

Aus den vorerwähnten Gründen wird in der Regel eine künstliche Oberflächenbefestigung der Hubschrauber-Start- und Landeflächen in gewissem Umfang notwendig sein. Maßgebend sind neben der Bequemlichkeit für die Fluggäste die jederzeitige unbehinderte Durchführung des Start- und Landebetriebs unter allen witterungsbedingten Bodenverhältnissen.

Nach diesen Grundforderungen ergibt sich im Einzelfall entsprechend der Bedeutung des Hubschrauberflughafens der Umfang der zu befestigenden Fläche. Nach den auf Flughäfen gemachten Erfahrungen muß auch hier damit gerechnet werden, daß zwar anfangs Teilflächen aus der Befestigung ausgespart werden können, aber der stets wachsende Bedarf schließlich zur Befestigung der gesamten Fläche führen kann.

Für die Dimensionierung der Befestigungen als Beton- oder flexible Decken können die für Startbahn- und Rollstraßendecken der Starrflüglerflughäfen üblichen analytischen und graphischen Verfahren mit den in Frage kommenden Radlasten, Reifendrücken und sonstigen Bemessungsfaktoren ohne weiteres benutzt werden.

c) Start- und Landeflächen auf Dächern und Plattformen

Für die allgemeine Anordnung und konstruktive Ausbildung von Hubschrauber-Start- und Landeflächen auf den Dächern von Gebäuden oder besonderen Plattformen bestehen mannigfaltige Möglichkeiten, insbesondere hinsichtlich der möglichen Kombination mit Gebäuden weiterer Zweckbestimmung. Für die Hubschrauberlandeplätze mit niedrigen Radlasten dürften Entwurf und Konstruktion im Rahmen des im allgemeinen Hoch- und Ingenieurbau üblichen liegen.

Anders ist der Fall bei Plattformen mit größeren Abmessungen, sofern sie auf vielgeschossigen Gebäuden anzuordnen sind, die ihrerseits eine wirtschaftliche Nutzung ermöglichen sollen.

Legt man zum Beispiel eine Gesamtplattformgröße von 80/80 m mit einer allseitigen Auskragung von 10 m, die im allgemeinen wohl ein statisch-konstruktives Maximum darstellen dürfte, zugrunde, so erhält man einen quadratischen Grundriß des tragenden Baukörpers von 60/60 m. Eine ausreichende natürliche Belichtung so tiefer Räume ist nicht möglich, und damit ist auch ihre Zweckbestimmung bis zu einem gewissen Grad begrenzt. Immerhin ergeben sich noch eine ganze Reihe von Nutzungsmöglichkeiten auch solcher tiefer, geschlossener Baukörper wie zum Beispiel Kaufhäuser, Lagerräume, Ausstellungs- und Messeräume,

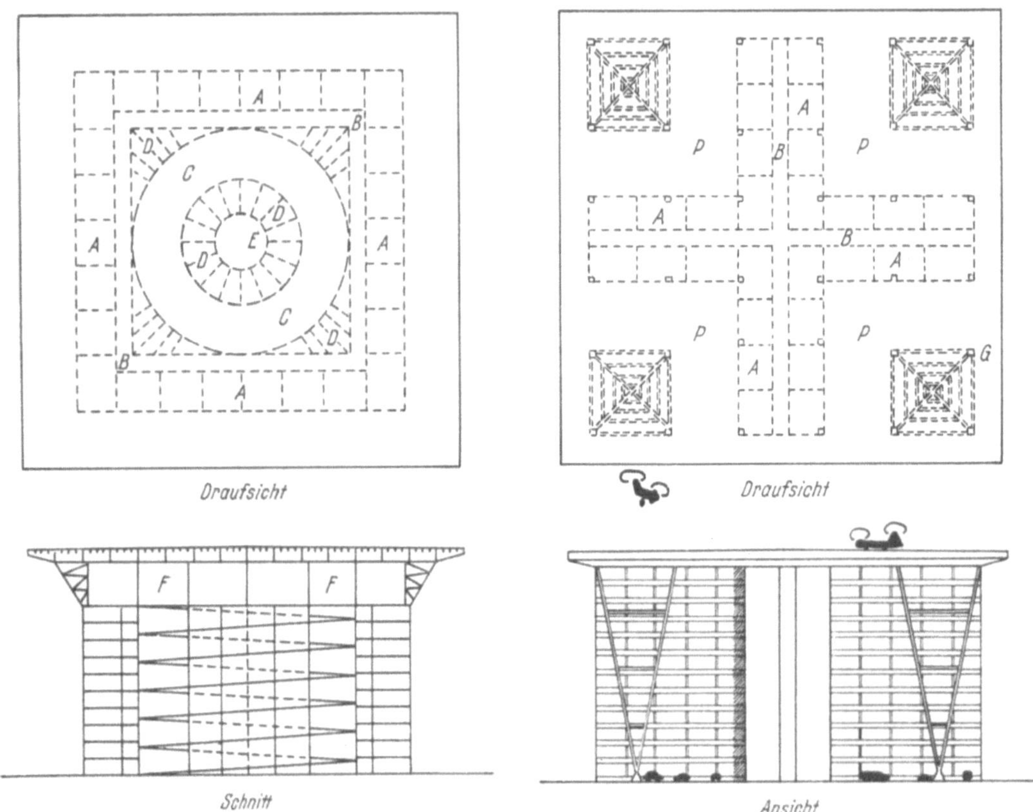

Abb. 14. Beispiele für die Konstruktion von Dachflughäfen

Garagen, bestimmte Arten von Werkstätten und dergl., bei denen künstliche Belichtung genügt. Bei rechteckigen Betriebsflächen von 60 × 120 m liegen die Verhältnisse ähnlich, da sich hier immer noch Baukörpertiefen von mindestens 40 m ergeben würden.

Auch mancherlei anders gegliederte Grundrißlösungen zum Beispiel in Kreuzform usw. oder auch in Kombination mit freistehenden Stützen sind möglich. In Abb. 14 sind einige Beispiele hierfür schematisch dargestellt. Abb. 15 zeigt ein Beispiel für einen Hubschrauberflughafen über mehrgeschossigen Verkehrsanlagen.

Es darf als selbstverständlich angesehen werden, daß bei der Anlage von Hubschrauber-Start- und Landeflächen für die Dimensionierung die höchsten, in absehbarer Zeit zu erwartenden Belastungen zugrunde gelegt werden, wobei jedoch eine sinnvolle Abstimmung zwischen Größenabmessungen und Lastannahmen notwendig ist.

Eventuelle Erweiterungsmöglichkeiten und damit ein späterer Einsatz größerer und schwererer Hubschrauber müssen dabei berücksichtigt werden. Im Fall einer freitragenden Start- und Landefläche auf dem Dach eines oder mehrerer mit einer gemeinsamen Plattform überdeckter Gebäude, oder über Verkehrsanlagen, ergeben sich zum Teil sehr hohe Einzellasten für die Dimensionierung. Ihre Größenordnung liegt selbst im Vergleich zu den im Brückenbau anzunehmenden Lasten bemerkenswert hoch. Das ergibt bei Dachlandeplätzen erhebliche Auswirkungen nicht nur auf die Plattform selbst, sondern auch auf die tragenden Konstruktionen der als Unterbau dienenden Gebäude bis herab zu den Fundamenten.

Mit einer Stoßzahl von n = 4 und unter Zugrundelegung der erst künftig zu erwartenden Höchstlasten in Verbindung mit der üblichen, mindestens 2—3fachen Materialbruchsicherheit, ergibt sich ein sehr hoher Gesamtsicherheitsfaktor. Trotzdem muß bei Dachflughäfen oder Plattformen über Verkehrsanlagen auf alle Fälle vermieden werden, daß im Katastrophenfall die darunter befindlichen Personen und Anlagen gefährdet werden. Diese Gefährdung erscheint unter anderem dadurch möglich, daß in ausgesprochenen Katastrophenfällen örtliche Zerstörungen eintreten, durch die auslaufende Betriebsstoffe nach unten dringen können, wozu an sich schon Risse genügen.

Es würde in der Regel nicht wirtschaftlich sein, die oberste Dachdecke von vornherein so stark auszubilden, daß sie auch in diesen Fällen alle auftretenden Beanspruchungen ohne nennenswerte Zerstörungen des Gefüges aufnehmen könnte. Die Forderung von Just, daß etwa 2 m unter der eigentlichen tragenden Decke ein weiterer feuersicherer Boden vorzusehen sei, erscheint somit grundsätzlich gerechtfertigt.

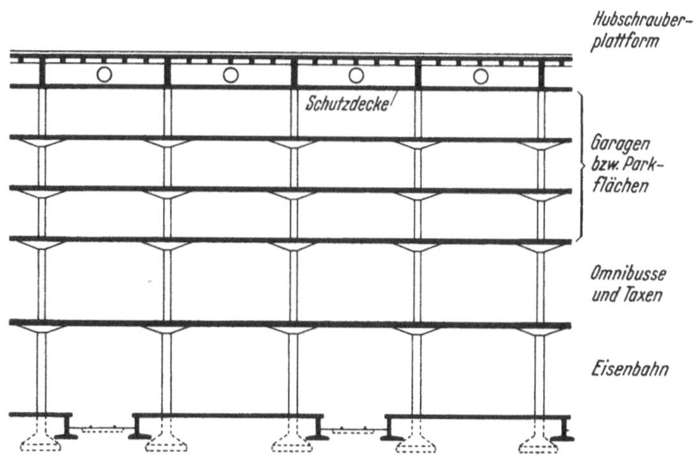

Abb. 15. Schematische Darstellung eines Hubschrauberflughafens über Bodenverkehrsanlagen

In vielen Fällen dürfte es zweckmäßig sein, die obere tragende und die untere schützende Decke zu einem einheitlichen Hohlraumtragwerk zusammenzuziehen, was insbesondere für Stahlbetonkonstruktionen vorteilhaft erscheint.

Bei Hubschrauber-Start- und Landeflächen auf Dächern von Gebäuden brauchen die aus den Landestößen herrührenden Horizontalkräfte für die Berechnung der Standsicherheit des Gebäudes selbst im allgemeinen nicht zusätzlich zu den Windkräften berücksichtigt zu werden, da die Landung stets in Richtung gegen stärkere Winde erfolgt.

Es muß jedoch für jeden Einzelfall untersucht werden, ob die Windkräfte oder die Horizontalkräfte aus dem Hubschrauberbetrieb jeweils für sich allein für die Standsicherheit des gesamten Baukörpers maßgebend sind.

Zusammenfassend kann festgestellt werden, daß die Anordnung von Dachflughäfen die entwurfsmäßige Gestaltung und die konstruktive Ausbildung der als Unterbau dienenden Hochbauten sehr weitgehend beeinflußt. Die Frage der zusätzlichen Kosten hierfür wird unter VIII. gesondert behandelt.

d) Entwässerungsanlagen

Hubschrauberflughäfen bzw. Landeplätze auf Dächern oder Plattformen über Verkehrsanlagen müssen selbstverständlich — insbesondere im ersteren Fall — gut gegen Feuchtigkeit isoliert werden. Zur Ableitung des Niederschlagswassers muß die Oberfläche ein entsprechendes Gefälle erhalten. Konstruktiv am einfachsten ist es, das Gefälle von der Mitte aus bis zu den Rändern durchzuführen und dort Rinnen und Abfallrohre anzuordnen. Bei quadratischen und rechteckigen Plätzen würden sich damit entweder ganz flache Pyramiden mit der Spitze in der Mitte oder eine Art Walmdach ergeben. Es erscheint unbedenklich, dabei bis auf maximale Gefällstrecken von etwa 50 m Länge bei maximal 1,50% Neigung zu gehen, da es sich stets um Befestigungen mit guter Oberflächenebenheit (Beton, Plattenbeläge, bituminöse Beläge) handeln wird.

Für auf dem Erdboden aufliegende befestigte Flächen von Hubschrauberflughäfen gelten bezüglich der Entwässerungsmaßnahmen im wesentlichen die gleichen Grundsätze wie für Starrflüglerflughäfen.

VIII. Kostenfaktor bei der Anlage von Hubschrauberflughäfen

1. Allgemeines

Die voraussichtlichen Anlagekosten für Hubschrauberflughäfen sind von einer großen Zahl wechselnder Faktoren abhängig und können deshalb nur ganz allgemein bzw. auf bestimmte Voraussetzungen bezogen, angegeben werden. Zu den hauptsächlichen kostenbestimmenden Faktoren gehören:

1. Größe, Stärke und Bauart der befestigten Flächen bzw. bei Dachflughäfen oder Plattformen Art und Stärke der tragenden Konstruktionen, soweit sie in unmittelbarem oder mittelbarem Zusammenhang mit dem Hubschrauberflughafen stehen.

2. Art und Umfang der vorzusehenden Hochbauten (Abfertigungsgebäude usw.) sowie der Nebenanlagen wie Parkplätze, Umzäunungen u. dergl.

3. Kostenfaktoren lokaler und konjunkturbedingter Art.

4. Grunderwerbskosten.

Es ist einleuchtend, daß die Gesamtanlagekosten demnach in sehr weitem Rahmen variieren können.

Bei Hubschrauberflughäfen auf Dächern bzw. Plattformen über Verkehrsanlagen ergeben sich besonders weitgehende Streuungsmöglichkeiten für die Anlagekosten, die hier stets nach zwei Gesichtspunkten betrachtet werden müssen.

Dies sind einerseits die Kosten für die Anlagen, die ausschließlich für den Hubschrauberbetrieb selbst erforderlich sind und zum anderen diejenigen der als Unterbau dienenden Gebäude, die noch anderen Nutzungszwecken dienen sollen. Es wird meist nicht leicht sein, diese beiden Kostensummen eindeutig zu trennen. Bei den Kosten für die Plattform muß zum Beispiel berücksichtigt werden, daß sie gleichzeitig auch das schützende Dach für das darunterliegende Gebäude darstellt und somit nur ein Teil des Aufwandes zu Lasten des Hubschrauberplatzes zu rechnen ist.

2. Anlagekosten

a) Ebenerdiger Hubschrauberflughafen mit Start- und Landefläche als Grasnarbe

Wenn auch, wie bereits dargelegt, Rasenflächen bestenfalls eine behelfsmäßige Lösung darstellen können, sollen doch die ungefähren Anlagekosten für einen solchen Fall untersucht werden. Die Grunderwerbskosten und sonstigen örtlich bedingten Nebenkosten bleiben hierbei, wie auch bei den weiteren Kostenfeststellungen, außer Betracht. Zugrunde gelegt wird ein Hubschrauberflughafen in einer Größe von etwa 60 × 120 m und angenommen, daß hiervon rund 1200 m² Fläche als Abfertigungsvorfeld und Verbindung zu den Start- und Landeflächen sowie zu Abstellzwecken künstlich befestigt werden. Damit würden sich folgende Kosten ergeben:

```
6000 m² Rasenflächen herstellen einschl. Planierung je DM 5,—  . .   DM   30 000,—
1200 m² befestigte Flächen je DM 50,— . . . . . . . . . . . . . .   DM   60 000,—
Entwässerungsanlagen  . . . . . . . . . . . . . . . . . . . . . .   DM   20 000,—
Umzäunung . . . . . . . . . . . . . . . . . . . . . . . . . . . .   DM   15 000,—
Parkplätze, Einfahrt mit Toranlage usw. . . . . . . . . . . . .   DM   25 000,—
Abfertigungsgebäude mit Lagerräumen, Werkstätten und dergleichen   DM  150 000,—
Geräte, Fahrzeuge, Befeuerung und sonstige Einrichtungen . . . . .   DM   80 000,—

                                                                     DM  380 000,—
```

b) Ebenerdiger Hubschrauberflughafen mit künstlicher Befestigung der Start- und Landeflächen

Bei gleicher Gesamtgröße wird hier angenommen, daß sich an Stelle von nur 1200 m² künstlicher Befestigung ca. 3200 m² ergeben. Auf gleicher Basis wie nach a) entstehen folgende Kosten:

4000 m² Rasenflächen wie vor je DM 5,—	DM 20 000,—
3200 m² befestigte Flächen je DM 47,—	DM 150 000,—
Entwässerungsanlagen	DM 30 000,—
Umzäunung	DM 15 000,—
Parkplätze, Einfahrt mit Toranlage usw.	DM 25 000,—
Abfertigungsgebäude mit Lagerräumen, Werkstätten und dergleichen	DM 150 000,—
Geräte, Fahrzeuge, Befeuerung und sonstige Einrichtungen	DM 80 000,—
	DM 470 000,—

Wenn auch diese Zahlen nur als rohe Anhaltswerte zu betrachten sind, da die Anlagekosten je nach den besonderen örtlichen Verhältnissen sehr verschieden sein werden, so ersieht man immerhin aus einem Vergleich zwischen a) und b), daß der Kostenanteil für die eigentlichen Flugbetriebsflächen nicht die ausschlaggebende Rolle spielt. Es wird also kaum angezeigt sein, gerade hier sparen zu wollen und die erheblichen Nachteile in Kauf zu nehmen, die sich bei nur mit Rasen befestigten Betriebsflächen ergeben.

c) Freitragende Plattformen und Dachflughäfen

Die bei der Anlage von Hubschrauberflugplätzen auf Plattformen entstehenden absoluten bzw. zusätzlichen Kosten sind in jedem Fall als recht erheblich zu beurteilen. Für eine auf Stützen bzw. Rahmenkonstruktionen aufgelagerte Decke für die maximale Radlast von 60 t, wie sie zum Beispiel über Verkehrsanlagen in Frage käme, dürften die Kosten einschließlich Verschleißschicht, Isolierung, unterer Schutzdecke, Entwässerung, Fundamenten, Treppenanlagen usw. jedoch ohne sonstigen Ausbau, Installationen, Befeuerungen und dergleichen. etwa in der Größenordnung von DM 200,— bis DM 300,— je m² liegen.

Bei der Anordnung auf Dächern von Gebäuden werden die Anlagekosten kaum geringer sein, weil etwa 80—90% der entstehenden Kosten auf die tragenden Decken selbst entfallen. Die Ersparnis infolge ohnedies vorhandener tragender Wände und Stützen, die ja bis ins Fundament herab entsprechend stärker ausgebildet werden müssen, fällt nur wenig ins Gewicht. Immerhin können die Kosten für ein normales Dach mit etwa DM 30,— bis DM 40,—/m² abgesetzt werden, so daß man hier vielleicht mit Zusatzkosten zwischen etwa DM 170,— bis DM 260,—/m² rechnen könnte.

IX. Zusammenfassung

Im Laufe der letzten Jahre wurde der Entwicklungsstand des Verkehrshubschraubers vielfach zu optimistisch betrachtet. Dies führte teilweise zu Planungen, die mit den betrieblichen Voraussetzungen nicht in Einklang standen.

Nunmehr läßt sich die Entwicklung der Hubschrauber einigermaßen übersehen. Es ist daher möglich, auch die zukünftigen Gewichte und Flugleistungen bei der Gestaltung der Hubschrauberflughäfen zu berücksichtigen.

Die Möglichkeiten für eine zweckmäßige Raumlage wurden grundsätzlich und an Beispielen behandelt. Aus den heutigen und zu erwartenden Start- und Landeleistungen ergaben sich die notwendigen hindernisfreien Neigungen für die Anflugsektoren.

Für die Bemessung und Gruppierung der Betriebsflächen konnten auch ausländische, insbesondere amerikanische Erfahrungen und Vorschläge mit herangezogen werden.

Der Hubschrauberverkehr bedarf ebenfalls einer Bewegungskontrolle und die Flugstraßen der Hubschrauber müssen von denjenigen der Starrflügler, zumindest im Flughafenbereich, getrennt werden. Ein planmäßiger Hubschrauberverkehr unter Schlechtwetterbedingungen ist erst durchführbar, wenn zweimotorige Hubschrauber verfügbar sind, die auch bei Ausfall eines Motors sicher weiterfliegen können. Dies dürfte etwa im Jahre 1960 der Fall sein.

Die Tragfähigkeit und Konstruktion der Start- und Landeflächen sowie die Frage der Anlagekosten wurden gesondert behandelt.

Zusammenfassend kann festgestellt werden, daß der planmäßige Verkehr mit Hubschraubern durch das vorläufige Fehlen des geeigneten Fluggeräts noch weitere Entwicklungszeit benötigt. Dies sollte die Städte keineswegs davon abhalten, schon heute im Stadtbauplan ein geeignetes Gelände für einen Hubschrauberflughafen auszuweisen und Sorge zu tragen, daß die Anflugwege und insbesondere die Anflugsektoren von störender Bebauung freigehalten werden.

Diese vorsorglichen Maßnahmen der Städte werden sich in erster Linie auf ebenerdige Hubschrauberflughäfen beziehen. An den Bau von Dachflughäfen sollte man nicht überstürzt herangehen, jedoch auch diese Frage, wie das gesamte Problem des Hubschrauberverkehrs aufmerksam weiter verfolgen.

Literaturverzeichnis

Bücher und Schriften:

Achtnich, H.: Zur Haftung für Lärmeinwirkungen durch den Luftverkehr, Z. Luftrecht 1954, Heft 3, Köln.

Bode, K.: Die Bedeutung des Hubschraubers, insbesondere für Deutschland, Z. Flugwissensch. 1953, H. 3, Braunschweig.
— Flugtechnische Betrachtungen zur Flugsicherheit und Flugsicherung, Deutsche Studiengemeinschaft Hubschrauber e. V., Stuttgart.
— Die heute gebräuchlichsten Hubschraubermuster, ihre Verwendungszwecke und ihre Flugtechnik, Technische Mitteilungen 1955, H. 3, Essen.

Entwistle, F.: Die Entwicklung des Hubschraubers für die Zwecke des zivilen Luftverkehrsbetriebes, ICAO Bulletin, März 1954, Montreal.

Just, W.: Einführung in die Aerodynamik und Flugmechanik des Hubschraubers, Bericht 1 der Deutschen Studiengemeinschaft Hubschrauber e.V., Stuttgart.
— Technische Beurteilung ausländischer Hubschrauber, Bericht 7 der Deutschen Studiengemeinschaft Hubschrauber e.V., Stuttgart.
— Bodenlasten für Hubschrauber, Deutsche Studiengemeinschaft Hubschrauber e.V., Stuttgart 1954.

Lefort, P.: Théorie et Pratique de l'Hélicoptère, Paris; Librairie Aéronautique, Edition Chiron, 1949.

Loah, W.: Das Geschwindigkeitsideal in der zivilen Luftfahrt, Int. Arch. Verkehrswesen 1953, H. 2, Mainz.

Lutz, O.: Antriebsfragen der Verkehrsluftfahrt von morgen, Z. Flugwissensch. 1955, H. 3/4, Braunschweig.

Oppelt, W.: Der entgeltliche Straßenpersonenverkehr im Jahre 1954, Personenverkehr 1955, H. 8, Bielefeld.

Pirath, C.: Die Grundlagen der Verkehrswirtschaft, 2. Aufl. Berlin/Göttingen/Heidelberg: Springer 1949.
— Das Raumzeitsystem der Siedlungen, Stuttgart: K. Wittwer 1947.

Scheers, M. C.: Der Hubschrauber, neue Verkehrs- und Transportmöglichkeiten, Niederländisches Überseeinstitut September 1953, Übersetzung: Bode/Tyssen, Dtsch. Studiengemeinsch. Hubschrauber e.V., Sttgt.

Siegel, G.: Hubschrauber, Tragschrauber und Flugschrauber, Die wichtigsten Baumuster als Beispiel für den Entwicklungsstand, Z. VDI 1953, Nr. 35, Düsseldorf.

The status of the helicopter in relation to the future development of air transportation and airport planning, The heliport council Aircraft industries association of America, Washington D. C. 1952.

Transportation by Helicopter 1955—1975, A Study of Its Potential in the New Jersey — New York Metropolitan Area, The Port of New York Authority — Aviation Department, November 1952.

Heliport location and design, The Port of New York Authority — Aviation Department, New York, Mai 1955.

Treibel, W.: Stand des Hubschrauberbaues — Planung und Bau von Hubschrauberflughäfen, Technische Mitteilungen 1953, H. 7, Essen.
— Luftfahrtgelände für Hubschrauber, Bemerkungen zu den Voraussetzungen, die für die Zustimmung des Bundesverkehrsministeriums zur Genehmigung von Hubschrauberlandeplätzen gelten. Flugwelt 1954, H. 3 und 4, Wiesbaden.
— Anlage und Betrieb von Hubschrauberflughäfen, Technische Mitteilungen 1955, H. 3, Essen.
— Verordnung über Luftverkehrsregeln für das Gebiet der Bundesrepublik Deutschland vom 4. 6. 1953, herausgegeben von der Bundesanstalt für Flugsicherung, Frankfurt/M.

Zahnd, R.: Studie über Betriebskosten von Hubschraubern, Bern, 1952, Marienstr. 16.

Zeitschriften und Statistiken:

Der Flieger, München 1952—1955. — „Financial Data 1952" (USA und Europa), ICAO-Statistik Nr. 43. — Flugwelt, Wiesbaden 1954 und 1955. — ICAO Bulletin, Montreal 1954. — Interavia, Querschnitt der Weltluftfahrt, Genf 1951/1955. — Internationales Archiv für Verkehrswesen, Mainz 1953. — Technische Mitteilungen, Organ des Hauses der Technik, Essen 1953 und 1955. — Zeitschrift für Flugwissenschaften, Braunschweig 1953—1955. — Zeitschrift des Vereins Deutscher Ingenieure, Düsseldorf 1953.